AF456881

MISSION G. RÉVOIL

AUX PAYS ÇOMALIS

FAUNE ET FLORE

COLÉOPTÈRES

RECUEILLIS PAR M. G. RÉVOIL

CHEZ LES ÇOMALIS

DESCRIPTIONS

PAR MM. L. FAIRMAIRE, V. LANSBERGE
ET BOURGEOIS

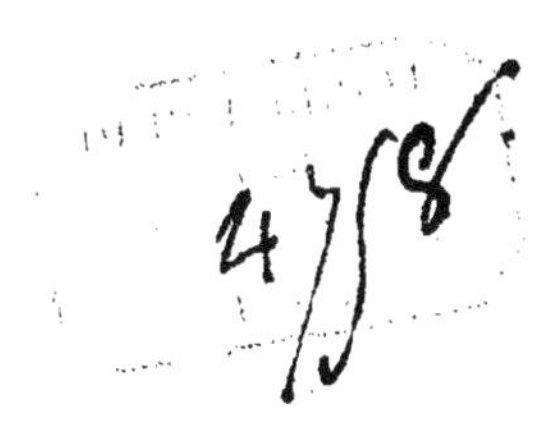

Les Coléoptères recueillis par M. G. Révoil dans le pays des Çomalis présentent un grand intérêt, malgré le nombre assez restreint des espèces. On aurait pu croire, de prime abord, que la faune entomologique de cette région est à peu près identique avec celle de l'Abyssinie. Il n'en est rien, et l'immense majorité de ces insectes se compose d'espèces nouvelles pour la science, car sur cent dix-neuf Coléoptères énumérés dans ce travail, dix-huit seulement se rapportent à des espèces décrites antérieurement et largement répandues sur le continent africain, sauf le *Sepidium crassicaudatum*, Gestro, venant du pays Çomali ; le *Polycesta arabica*, Gestro, d'Aden, et le *Trox procerus*, Har., d'Arabie.

Parmi les espèces nouvelles, se trouvent une *Megacephala* et une *Dromica*, qui rappellent la partie méridionale-orientale de l'Afrique. Il en est de même pour le groupe des Cétonides, dont les espèces nombreuses réunissent le faciès abyssin à celui des insectes analogues provenant de Natal. Le groupe des Goliathides, qui compte en Abyssinie deux représentants si intéressants, ne semble pas devoir se rencontrer dans la région qui nous occupe, et la nature du sol et de la végétation explique cette absence. On n'y trouve pas non plus cette série de Coprides, d'*Onthophagus* et d'*Aphodius* qui pullulent sur les plateaux d'Abyssinie, à raison des pâturages abondants où paissent de nombreux troupeaux. La famille des Ténébrionides offre quelques types curieux, et notamment plusieurs espèces de *Sepidium*, dont deux sont fort remarquables.

Les Cérambycides sont peu nombreux, mais offrent quelques sujets intéressants, comme un *Cantharocnemis*, très voisin d'une espèce de Zanguebar ; un *Ceroplesis* nouveau à coloration et à sculpture particulières, et d'autres insectes analogues à celles de Zanguebar, mais spécifiquement distincts.

NOMENCLATURE ET DIVISIONS

DES

ESPÈCES DONT NOUS ALLONS DONNER LES DESCRIPTIONS.

CICINDELIDÆ.

Megacephala Revoili *, Luc.
Cicindela Blanchardi *, Fairm.
— Somalia *, Fairm.
Dromica Revoili *, Fairm.

CARABIDÆ.

Graphipterus cineraceus *, Fairm.
— soricinus *, Fairm.
Anthia Megæra *, Luc.
— Revoili *, Luc.
Polyhirma biloba *, Fairm.

TROGOSITIDÆ.

Melambia cæruleata *, Fairm.

SCARABÆIDÆ.

Scarabæus nitidicollis *, Lansb.
Gymnopleurus virens, Er.
— lævicollis, Cast.
— somaliensis *, Lansb.
Sisyphus Goryi, Har.
Chalconotus obscurus *, Lansb.
Catharsius minutus *, Lansb.
Onthophagus gazella, Fab.
— Revoilii *, Lansb.
— aterrimus, Gerst.
— biarcuatus *, Lansb.
Bolboceras serripes *, Fairm.
Athyreus fracticollis *, Fairm.
Hybosorus nitidus *, Lansb.
Trox denticulatus, Har.
— procerus, Har.
Trochalus margaritaceus *, Lansb.
Pegylis maculipennis *, Lansb.
Anomala Kersteni, Gerst.
— similis *, Lansb.
Phænomeris decorata, Reiche.
Elaphinis quadripunctata *, Lansb.
Gametis bipunctata *, Lansb.
— angustata *, Lansb.
Stalagmosoma luctuosa *, Lansb.
Somalibia guttifera *, Lansb.
Leucocelis ruficauda *, Lansb.
— rufocincta *, Lansb.
— viridissima *, Lansb.
— alboguttata *, Lansb.
— lacrymans *, Lansb.
— cinctipennis *, Lansb.
— cærulescens *, Lansb.
Mausoleopsis Revoili *, Lansb.
— oculata *, Lansb.
— funebris *, Lansb.
— albomarginata *, Lansb.

LYCIDÆ.

Lycus Revoili *, Bourg.
— consobrinus *, Bourg.
— ampliatus, Fab.

BUPRESTIDÆ.

Sternocera æneocastanea *, Fairm.
Julodis lacunosa *, Fairm.

Julodis Caillaudii, Latr.
— myrmido*, Fairm.
Steraspis iodoloma*, Fairm.
Psiloptera nigrita*, Fairm.
— rugosa, Pal. Beauv.
— grandiceps*, Fairm.
Chrysobothris æneifrons*, Fairm.
Polycesta arabica, Gestro.
Acmæodera polita, Klug.
— elevata, Klug.
Sphenoptera jugulata*, Fairm.
— læsiventris*, Fairm.

MELYRIDÆ.

Melyris semihirta*, Fairm.
— viridinitens*, Fairm.
— versicolor*, Fairm.
— collaris*, Fairm.
— discoidalis*, Fairm.
— rubrocincta*, Fairm.
— incostata*, Fairm.

TENEBRIONIDÆ.

Spyrathus africanus*, Fairm.
Homœonota subopaca*, Fairm.
Rhytinota subcordicollis*, Fairm.
Oxycara zophosina*, Fairm.
— amplipennis*, Fairm.
— trapezicollis*, Fairm.
— delicatula*, Fairm.
Thriptera striatogranosa, Fairm.
Pimelia cenchronota*, Fairm.
Psammodes gracilentus*, Fairm.
Melanolophus* septemcostatus*, Fairm.
Brachyphrynus* spissicornis*, Fairm.
Sepidium crassicaudatum, Gestro.
— obtusangulum*, Fairm.
— villosulum*, Fairm.
— apicicorne*, Fairm.
— cylindrigerum*, Fairm.
Vieta tuberosa*, Fairm.
Helopinus minor*, Fairm.
Micrantereus sinuatipes*, Fairm.
— recticostatus*, Fairm.
Praogena cribricollis*, Fairm.
— cyaneocastanea*, Fairm.

CANTHARIDÆ.

Mylabris argyrosticta*, Fairm.
Diaphorocera semirufa*, Fairm.
Cantharis exclamans*, Fairm.
— pectoralis*, Fairm.
— testaceipes*, Fairm.
Lydomorphus* cinnamomeus*, Fairm.

CURCULIONIDÆ.

Systates moniliatus*, Fairm.
Molybdotus* laxepunctatus*, Fairm.
Polyclæis octoplagiatus*, Fairm.
— albidopictus*, Fairm.
Chitonopterus* cryptorhynchinus*, Fairm.
Pachyonyx perelegans*, Fairm.
Camptorhinus hystrix*, Fairm.

CERAMBYCIDÆ.

Cantharocnemis latibula*, Fairm.
Xystrocera curticollis*, Fairm.
Compsomera cyaneonigra* Fairm.
Phyllocnema semijanthina*, Fairm.
Closteromerus testaceicornis*, Fairm.
Plocederus denticornis, Fab.
— cineraceus*, Fairm.
Ceroplesis Revoili*, Fairm.
Ceratites jaspideus, Serv.

CHRYSOMELIDÆ.

Euryope angulicollis*, Fairm.
— rufonigra*, Fairm.
Cassida (Chelysida*) obtecta*, Fairm.

Les genres nouveaux ainsi que les espèces nouvelles, sont indiqués par un astérisque.

CICINDELIDÆ.

MEGACEPHALA REVOILI, Lucas,

Soc. Ent. Fr., *Bull.*, 1881, 137.

Long., 25 mill.

Tête d'un vert brillant, à reflets violacés et cuivreux, presque aussi large que longue, finement ridée et présentant dans son milieu un sillon longitudinal peu marqué, partant de la partie postérieure. Lèvre supérieure et mandibules d'un brun brillant, avec les palpes maxillaires et labiaux testacés. Thorax plus long que large, finement rebordé, avec les angles de chaque côté de la base non apparents, de même couleur que la tête ; rétréci à ses parties antérieure et postérieure, offrant quelques rides transversales; arrondi et convexe sur les côtés et en dessus, avec le sillon médian profondément marqué.

Elytres d'un beau vert brillant avec la suture brune ; étroites, allongées, convexes, arrondies et plus larges postérieurement; couvertes de tubercules spiniformes, à direction postérieure, irrégulièrement placés, parmi lesquels on aperçoit des poils allongés, roussâtres. Fémurs d'un brun brillant, avec les tibias et les tarses d'un roux testacé. Région sternale d'un beau vert métallique. Abdomen lisse et d'un brun brillant.

La ♀ diffère par une taille plus grande (28 à 30 mill.), par son thorax plus fortement rebordé, avec les angles de chaque côté de la base apparents, par les élytres plus larges et par son abdomen sensiblement plus développé.

Cette espèce vient se ranger dans le voisinage des *M. denticollis* Chaud. et *regalis* Boh., avec lesquelles elle ne pourra se confondre à cause de son thorax dont les angles de chaque côté de la base sont nuls dans les mâles et par les tubercules des élytres qui sont spiniformes, plus distincts et surtout bien plus saillants. Ce dernier caractère la distingue aussi de la *M. excelsa* Bates, chez laquelle les élytres sont ; *grosse scabroso punctata*.

CICINDELA BLANCHARDI, Fairm.

Long. 10 à 11 mill.

Oblonga, modice convexa, capite prothoraceque cupreis albido-villosis, pilis adpressis, ad latera densioribus, elytris flavis, opacis, punctis rotundis nigris impressis, parum densis, ad margines nullis, basi macula nigra fere anchoriformi, suturæ basin occupante et utrinque oblique humeros versus directa, subtus cum pedibus nitide cuprea, albido-villosa, epistomate nigro, labro flavo, mandibulis flavis apice nigris, palpis flavis, articuli ultimo nigro, antennis fuscis, articulis 4 primis violaceis ; capite tenuiter dense strigosulo, labro magno, convexo, antice angulato, dente medio majore, utrinque denticulis 2 minutis; prothorace subquadrato, lateribus fere rectis, antice paulo constricto, angulis posticis obtusis, dorso dense rugoso, medio sulcato, antice et postice transversim sulcato ; elytris postice leviter ampliatis, apice obtusis, angulo suturali acuto ; pectore abdomineque medio denudatis.

La forme et la coloration de cet insecte le rapprochent de la *C. regalis* Dej.; mais le labre présente au milieu une forte dent accompagnée latéralement de deux autres plus petites. Il est remarquable par les points noirs enfoncés, peu serrés des élytres, qui offrent en outre un dessin noir presque en forme d'ancre sur la base de la suture, les branches remontant vers les épaules sans les atteindre. Sa vraie place est auprès de la *C. lugubris* Dej., de Guinée, dont le labre est à peu près semblable, et qui, malgré son aspect sombre, a aussi un fond jaune.

CICINDELA SOMALIA, Fairm.

Long. 7 1/2 mill.

Oblonga, sat convexa, æneo-cuprea, albido-villosa, elytris flaveolo-albidis, sutura anguste et lituris discoidalibus castaneo-violascentibus; labro albido, transverso, leviter undulato, mandibulis basi albidis, apice æneis; antennis tenuibus fuscis basi cupreis; capite subtilissime strigoso, antice viridi-marginato, oculis magnis; prothorace quadrato-cylindrico, subtiliter coriaceo, antice et postice transversim, medio longitudinaliter valde sulcato, margine antico medio fere angulatim arcuato; scutello coriaceo, æneo-cupreo; elytris prothorace fere duplo latioribus, postice vix ampliatis, apice extremo fere rotundato, angulo suturali spinoso, dorso subtilissime asperulo-punctatis; subtus cum pedibus œneo-metallica, lateribus aureo-œneis, longe albido-villosa, abdomine obscuriore, apice rufescente, pedibus gracilibus sat longis.

Voisine de la *C. owas* Chaud., mais plus petite et plus svelte, avec la tête plus déprimée au milieu, le corselet non transversal, à sillons fortement marqués, à bord antérieur formant un lobe arrondi; le dessin des élytres est différent et se compose non de linéoles, mais de taches mal arrêtées et de formes irrégulières, mais symétriques; l'angle sutural est nettement épineux.

DROMICA REVOILI, Fairm.

Long. 21 mill.

Oblongo-elongata, sat convexa, supra obscure œnea, modice nitida, elytris fuscis, subopacis, suturam versus linea auro-punctata discoidali parum distincta, utrinque macula oblonga subohumerali et fascia marginali-apicali pallide flavis, margine externo anguste cœruleo, antennis fuscis, labro nigro medio flavo, palpis flavis, maxillaribus articulis 2 ultimis, labialibus ultimo nigris; capite tenuiter strigosulo, ante oculos æneseente; labro convexo, antice angulato dente medio majore, utrinque tridenticulato; antennis basi œneis, articulis 5-11 compressis, dilatatis, intermediis latioribus; prothorace capite summo haud angustiore, postice leviter attenuato, lateribus rectis, antice et postice leviter strangulatis, dorso tenuiter transversim strigoso, medio longitudinaliter sulcato, basi utrinque leviter supra tuberculato sed non angulato; elytris prothorace fere duplo latioribus, postice ampliatis, apice obtuse rotundatis, angulo suturali brevissime dentato, densissime punctato-asperatis, maculis flavidis minus fortiter punctatis; subtus cum pedibus cyanea, nitida, tibiis tarsisque fere nigricantibus, abdomine vage virescente.

Cette belle espèce rappellerait, pour la taille et la sculpture, la *D. gigantea*, mais le corselet n'est pas anguleux en arrière sur les côtés. La forme de cette partie du corps rapprocherait notre insecte de la *D. Bertolonii*, mais il est moins élancé, le corselet est moins long et les élytres ne sont pas acuminées.

La découverte de ce genre dans la région voisine de la mer Rouge est fort intéressante, car les espèces de *Dromica* connues jusqu'à présent ne dépassent pas Mozambique.

CARABIDÆ.

GRAPHIPTERUS CINERACEUS, Fairm.

Long. 16 mill.

Ovatus, niger, dense cinereo-lutescenti-pubescens, elytrorum margine anguste albicante; capite lateribus et parte media oblonge elevata denudatis, nigris, nitidis; prothorace transverso, capite latiore, postice dimidio angustiore, lateribus antice rotundatis, postice vix sinuatis, angulis posticis obtusis, margine postico sat fortiter medio sinuato; elytris sat fortiter rotundatis, apice truncatis, angulo externo rotundato; subtus cum pedibus niger, nitidus, femoribus cum coxis (genubus exceptis) rubris.

Doit se placer près du *G. griseus* Chaud., en diffère par les angles postérieurs du corselet obtusément arrondis, les épaules plus effacées, l'extrémité moins carrément tronquée ; les antennes sont assez longues, unicolores et s'élargissent assez aux cinq derniers articles. La vestiture squamuleuse qui recouvre tout le dessus du corps ne permet guère de voir la sculpture ; cependant on peut deviner que le corselet et les élytres sont assez finement et densément rugueux; mais on ne voit pas traces de stries, ni de sillons.

GRAPHIPTERUS SORICINUS, Fairm.

Long. 11 mill.

G. limbato Cast. simillimus, sed capite villoso, medio elevato ac denudato, prothorace latiore, lateribus haud angulatim rotundatis, postice minus sinuatis, angulis anticis minus deflexis, magis productis, posticis magis obtusis, elytris basi magis attenuatis, margine externo dilutiore, haud reflexo, femoribusque rubro-sanguineis valde distinctus.

La forme générale et la coloration rappellent bien le *G. limbatus*, mais ce dernier a le corselet anguleusement arrondi sur les côtés et les élytres distinctement rebordées, sans bordure grisâtre.

ANTHIA MEGŒRA, Lucas.

Soc. Entom. Fr., *Bull.* 1881, 108.

Long. 45 mill.

D'un noir mat. Tête finement ponctuée postérieurement. Thorax plus large que long, arrondi, finement rebordé sur les côtés, à sillon médian profond, présentant une ponctuation fine et éparse. Élytres convexes, arrondies, à stries profondes finement ponctuées, avec les intervalles saillants et entièrement lisses, ornées de six taches blanches ainsi disposées : deux humérales grandes, ovalaires; quatre postérieurement, dont deux presque arrondies, assez grandes, placées près des bords latéraux et deux autres beaucoup plus petites arrondies, situées à l'extrémité et tout près de la suture. Organes buccaux lisses, d'un noir brillant. Antennes d'un noir mat. Dessous du corps et pattes d'un noir brillant, finement ponctués, ♂.

ANTHIA REVOILI, Lucas.

Soc. Entom. Fr., *Bull.*, **1881, 108.**

Long. 35 mill.

D'un noir brillant. Tête profondément et fortement ponctuée entre les yeux; ceux-ci d'un jaune ferrugineux. Thorax un peu plus long que large, convexe, arrondi, très finement rebordé sur les côtés, à sillon médian profond, n'atteignant ni les bords antérieur et postérieur, et présentant en dessus et en dessous une ponctuation irrégulière, éparse, assez forte et profonde. Élytres étroites, parallèles, à côtes saillantes, lisses, à stries profondes, fortement ponctuées, avec les points donnant chacun naissance à un poil assez allongé, brun, à direction postérieure; ornées de huit macules ou taches blanches ainsi disposées : deux humérales arrondies ; deux occupant le milieu des bords externes, étroites, allongées ; deux dorsales, petites, arrondies, situées à peu près dans le milieu, tout près de la suture, et enfin deux tout à fait postérieures, arrondies, plus grandes que les dorsales et placées près des bords latéraux. Antennes d'un noir mat. Dessous du corps et pattes d'un noir brillant; celles-ci ponctuées, hérissées de poils courts, brunes, ♂.

POLYHIRMA BILOBA, Fairm.

Long. 24 à 29 mill.

Nigra, supra opaca, capite (medio excepto), prothoracis vitta media et lateribus, elytris macula suturali basali breviore maculisque 2 anteapicalibus non hamatis, margine laterali annexis cinereo-pubescentibus.

Cette espèce ressemble beaucoup à la *P. bihamata* Gerst., de Zanguebar, mais la tête est moins carénée au milieu en avant, le corselet est plus étroit avec les côtés moins arrondis en avant et moins sinués en arrière, les élytres sont plus atténuées à la base, moins arrondies et légèrement sinuées à l'extrémité, les côtes internes sont plus prolongées en arrière et enfin la tache apicale est plus large, atteint presque l'angle sutural et ne forme pas un crochet en dedans.

TROGOSITIDÆ.

MELAMBIA CŒRULEATA, Fairm.

Long. 20 mill.

Oblonga, supra depressa, fusco-cærulescens, sericea, prothorace medio nitido, elytris magis cœruleis; capite sat fortiter sat dense punctato, medio obsolete impresso; prothorace transverso, basi paulo angustiore, disco tenuiter parum dense, lateribus fortiter ac densius punctato ;

elytris punctato-lineatis, lineis alternatim fortius punctatis et linea paulo elevata nitidiore annexis; subtus fusco-nigra, nitida, abdomine grosse densius punctato, metasterni apice acuto, magis punctato.

Ressemble beaucoup au *M. gigas* Fab., qui se trouve depuis le Sénégal jusqu'en Abyssinie, en diffère par la taille plus faible, la couleur plus bleue, plus soyeuse, le corselet plus étroit et les élytres à lignes saillantes très étroites, ne remplissant pas tout l'intervalle; elles sont plus courtes, plus arrondies à l'extrémité et le petit pli de la base forme une dent moins saillante aux épaules; en dessous la ponctuation de l'abdomen est plus grosse, plus serrée, comme celle de la pointe du métasternum.

SCARABÆIDÆ.

SCARABAEUS NITIDICOLLIS, Lansberge (1).

Nigropiceus, nitidus, capite punctato, vertice læviore, clypeo fortiter quadridentato, fronte carinula interrupta; prothorace convexo, antice punctulato, basi lateribusque crenulato; elytris subnitidis, sparsim punctatis, substriatis; pectore, thoracis lateribus pedibusque fulvohirtis, sterno medio foveolato. — Long. 28 ; lat. 16 mill.

Noir, brillant, de forme tant soit peu parallèle. Tête un peu plus large que longue, assez fortement ponctuée,

(1) Les diagnoses des espèces suivantes de Scarabæides ont paru dans le compte rendu des séances de la Société entomologique de Belgique du mois de février.

sauf sur le vertex. Chaperon muni de quatre fortes dents, les intermédiaires un peu plus longues et un peu plus séparées entre elles. Front renflé au milieu. En avant des yeux une petite carène interrompue au milieu. Joues dentées à l'extrémité. Prothorax convexe, ayant au sommet quelques granulations qui se changent en points et disparaissent ensuite à mesure qu'elles se rapprochent de la base ; le disque et les bords latéraux plus lisses. Le bord antérieur est fortement sinué au milieu, ses angles relevés. Les bords latéraux sont peu dilatés, crénelés et ciliés. Le bord postérieur est anguleux au milieu, et également crénelé et cilié. Les élytres sont un peu moins larges que le prothorax, moins brillantes, faiblement striées, munies de quelques points espacés. Le pygidium de même avec un commencement de carène à la base. Poitrine couverte de poils fauves. Métasternun muni d'une fossette entre les pattes intermédiaires. Pattes ciliées de fauve. Les antérieures fortement quadridentées, les deux dents terminales rapprochées.

Cette espèce est caractérisée par le brillant de la tête et du prothorax, ainsi que par la crénulation qui entoure cette partie du corps. Elle a cette dernière particularité en commun avec le *S. Sennariensis*, mais celui-ci est plus petit, plus mat et il a les élytres plus fortemen striées.

GYMNOPLEURUS VIRENS, Erichson.

Arch. f. Naturg, p. 231.

GYMNOPLEURUS LAEVICOLLIS, Castelnau.

Hist. Nat. des Ins., II, p. 71.

Viridicœruleus, nitidus, subtus niger pedibus virescentibus; capite æenescente, rugoso, tricarinato clypeo subbidentato; prothorace convexo, antice sat crebre punctato, disco linea lævi basin versus impressa ; elytris subrugulosis, basi et ad suturam plicatis, femoribus anticis dentatis. — Long. 11 ; lat. 6 mill.

D'un bleu verdâtre brillant avec le dessous noirâtre et la tête bronzée. Tête granulée, le chaperon acuminé, légèrement bidenté ; au milieu une carène longitudinale qui se réunit en arrière à deux autres carènes partant des joues, le point de jonction lisse. Prothorax convexe, granulé antérieurement et sur les bords latéraux, ayant une ligne longitudinale lisse qui se change en strie vers la base et de chaque côté une petite fossette. Élytres couvertes de très petites granulations, faiblement mais distinctement striées, ayant des plis à la base et le long de la suture. Pygidium caréné. Dessous du corps légèrement granulé. Sternum acuminé en avant, légèrement impressionné à la base. Point de poils sur les flancs ou les cuisses postérieures. Les cuisses antérieures armées d'une dent.

Cette espèce est très voisine du *G. virens* Erichs., mais elle s'en distingue par la couleur bronzée de la tête, la strie longitudinale du prothorax, l'absence de poils blancs sur les flancs et les cuisses et la présence d'une épine aux cuisses antérieures.

La description de M. de Castelnau est tellement insuffisante pour un insecte qui a de grandes analogies avec d'autres espèces, que j'ai cru utile de la compléter.

GYMNOPLEURUS SOMALIENSIS, Lansberge.

Atroviridis, opacus; capite granulato, clypeo bidentato, medio carinato; prothorace granulato, basi medio impresso; elytris sericeis, subcostatis; femoribus anticis dentatis. — Long. 7; lat. 4 mill.

Entièrement d'un vert noirâtre mat. Tête fortement granulée, munie d'une carène longitudinale qui n'atteint pas le vertex; le chaperon bidenté, les dents fortement séparées. Prothorax peu convexe, rugueux, muni de chaque côté d'une fossette et d'une petite impression longitudinale au milieude blaase. Elytres assez allongées, mates, subgranuleuses, distinctement striées, les intervalles impairs relevés en côtes. Pygidium caréné. Dessous du corps subgranuleux; renflement antérieur du sternum peu prononcé; cuisses antérieures dentées.

SISYPHUS GORGI, Harold.

Berl. Ent. Zeit., 1859, pag. 224.

CHALCONOTUS OBSCURUS, Lansberge.

Niger, nitidus, modice convexus, totus confertim punctatus, clypeo bidentato, elytris ultra humeros ampliatis.— Long. 22; lat. 15 mill.

Extrêmement voisin du *C. cupreus*; même ponctuation

et mêmes différences sexuelles. Il s'en distingue en premier lieu par la couleur qui est noire avec un léger reflet bronzé, et ensuite par la forme du corselet qui est moins convexe et les élytres qui sont plus élargies derrière les épaules.

J'en ai vu trois exemplaires qui ne varient entre eux que par la taille.

CATHARSIUS MINUTUS, Lansberge.

Niger, nitidus; capite granulato, medio cornu brevi armato, clypeo bidentato; prothorace convexo, lato, subcanaliculato, antice paulo planato, confertim punctulato; elytris minus nitidis, striatis, striis punctatis; metasterno antice foveolato, tibiarum posticarum carinula basali obsoleta. — Long. 11; lat. 7 mill.

Noir, brillant, de forme assez convexe. Tête entièrement granulée, armée sur le front d'une petite corne; le chaperon légèrement bisinué, rebordé et muni de deux petites dents. Prothorax du double plus large que long, bombé en arrière, un peu aplati en avant, entièrement et finement granulé; un commencement de sillon longitudinal sur le disque; bords latéraux subparallèles, arrondis en arrière et en avant. Élytres assez convexes, un peu plus étroites que le prothorax, distinctement striées, les stries ponctuées, les intervalles plans et mats par suite de la finesse de la ponctuation dont ils sont couverts. Dessous du corps brillant; côtés de la poitrine ponctués; métasternum subcanaliculé, ayant antérieurement une petite fossette. Pattes ciliées de fauve; la carène supérieure des tibias postérieurs à peine indiquée.

Voisin des *C. Inermis* et *Troglodytes* ; reconnaissable entre tous au manque de carène supérieure aux tibias postérieurs.

ONTHOPHAGUS GAZELLA, Fabr.

ONTHOPHAGUS REVOILI, Lansberge.

Aeneoviridis, nitidus, elytris opacis, pectore, elytrorum apice pygidioque argenteo-pilosis; vertice cornubus duobus decumbentibus, arcuatis, basi lamina medio dentata conjunctis; prothorace dilatato, glaberrimo, antice bituberculato, postice laminato producto ; elytris vix striatus, lateribus sat frequenter punctatis. — Long.: 10; lat.: 6 mill.

Entièrement vert métallique foncé très brillant sauf les élytres qui sont opaques sur le disque. Le chaperon, le pygidium et les flancs sont couverts de poils rigides argentés. — *Mâle*. Tête dorée, surmontée d'une carène dentée au milieu et émettant de chaque côté une longue corne arquée, noire, inclinée sur le prothorax, un peu épaissie vers le sommet et ayant une dent près de la base. Prothorax lisse, ayant seulement quelques granulations sur les bords latéraux, un peu impressionné sur le disque; en avant de l'impression de chaque côté un petit tubercule pointu ; les bords latéraux dilatés en avant, puis rétrécis et sinués en arrière; la base prolongée en angle aplati. Élytres faiblement striées ; les stries plus fortes à mesure qu'elles approchent de la suture et de l'extrémité; les épaules relevées en un pli saillant en face de la sinuosité prothoracique; quelques points seulement sur les côtés. Dessous du corps brillant. Métasternum fortement ponctué, un espace lisse au milieu. Pattes ciliées de fauve. Métatarse un peu arqué. — *Femelle.* Tête ayant sur le front une petite carène dentée au milieu. Prothorax ponctué sur le disque en avant de l'impression et orné de deux petites carènes transversales.

Voisin de l'*O. Gerstaekeri* dont il a le facies, la taille et l'armature, mais en différant par la couleur, le repli huméral et d'autres particularités trop frappantes pour qu'il soit nécessaire de les énumérer.

ONTHOPHAGUS ATERRIMUS, Gerstaekeri.

Ins. v. Ost., Africa, p. 134.— *Onthophagus œsopus*, Lansberge.

Ann. Soc. Ent. Belge, 1882, février.

ONTHOPHAGUS BIARCUATUS, Lansberge.

Parallelus, planatus, nitidus, flavus, fuscomaculatus; capite rugoso, in mare bicornuto, fronte carina obsoleta valde arcuata, in femina tuberculato, carina fere recta; prothorace in mare antice nodoso; in femina nodo ad marginem anteriorem sito; elytris sparsim sat profunde punctatis. — Long. 7; lat. 4 mill.

Mâle. De forme aplatie et parallèle comme un *Oniticellus*, brillant, testacé, la tête, deux taches longitudinales sur le disque du prothorax, douze taches placées en deux demi-cercles sur les élytres, l'abdomen, les hanches, et une tache trifide sur le métasternum d'un bronzé obscur. Tête finement rugueuse; chaperon avancé, relevé et faiblement échancré au milieu, séparé du front par une faible carène ogivale terminée par un petit tubercule; une ligne longitudinale partant du tubercule se dirigeant vers le vertex; celui-ci armé de chaque côté d'une petite corne arquée, dilatée et aplatie à la base. Prothorax couvert d'une ponctuation éparse mais très distincte, bombé antérieurement et décline en avant, surmonté d'un petit tubercule médian qui limite la convexité, le tubercule de la couleur des taches discoidales. Élytres striées, ponctuées comme le prothorax, les taches formant deux demi-cercles dont l'extérieur embrasse l'intérieur. Dessous du corps brillant, glabre. Métasternum impressionné à la base, fortement ponctué, subsillonné au milieu. — *Femelle.* Tête plus fortement rugueuse; chaperon distinctement bidenté; front surmonté d'une carène presque droite, faiblement tuberculée au milieu; vertex creusé en arrière de cette carène, offrant de chaque côté un petit tubercule. Prothorax plan, ayant un petit tubercule médian sur le bord antérieur.

BOLBOCERAS SERRIPES, Fairm.

Long. 18 mill.

Brevissime ovatus, crassus, valde convexus, rufus, nitidus; capite brevi, antice truncato, ante oculos angulato inter oculos carina transversim compressa, leviter elevata et fere truncata, ad oculos utrinque linea longitudinali elevata; prothorace elytris fere latiore antice angustato, lateribus rotundatis, margine antico leviter arcuato et utrinque sinuato, angulis valde obtusatis, lateribus laxo punctato, antice transversim leviter elevato, utrinque paulo inæquali, lateribus foveato; scutello magno, lævi; elytris brevibus, rotundato-convexis, striato-punctatis, striis extus et apice obsolescentibus, intervallis parum convexis, lævibus; subtus sat dense aureo-villosus, tibiis anticis extus sexdentatis, dentibus a basi ad apicem crescentibus ♀.

Bien que ce soit une ♀, j'ai cru devoir décrire cet insecte, car les espèces du genre *Bolboceras* sont tellement rares dans la partie Nord-Est de l'Afrique qu'on n'en a pas encore signalé. Il y a bien le *B. validus* Klug, d'Arabie; mais il n'a pas été encore rencontré sur la côte africaine

ATHYREUS FRACTICOLLIS, Fairm.

Long. 18 mill.

Ovatus, rufo-castaneus, nitidus, subtus dense fulvo-villosus; capite antice producto, apice truncato, angulis elevatis, ante oculos angulato, supra leviter concavo rugoso; prothorace antice angustato, late intruso, depressione fere usque ad scutellum ascendente et medio sulcata, utrinque medio angulato ac breviter transversim carinato, postice longius carinato, hac carina extus descendente et apice valde arcuata, margine prothoracis antico elevato, obtuse tridentato, undique parum dense asperato, margine laterali ante angulos posticos profunde exciso, basi medio obtuse angulato; scutello oblongo, angusto, concavo; elytris a basi attenuatis, parce fulvo-hirtis, punctato-lineatis intervallis alternatim latioribus, planiusculis laxe punctatis; pygidio sat tenuiter punctato, tibiis anticis obtuse quadridentatis.

Un seul *Athyreus*, le *Kordofanus* Klug, a été signalé dans le Nord-Est de l'Afrique, et du reste le genre n'a en outre qu'un seul représentant, au Sénégal. Notre espèce diffère du *Kordofanus* par la tête n'offrant pas deux pointes en arrière, le corselet plus rétréci en avant, plus largement excavé en dedans avec des plis obliques latéraux et une forte échancrure avant les angles latéraux, le bord postérieur est plus fortement angulé et les élytres sont plus atténuées dès la base, plus striées-ponctuées.

ORPHNUS BILOBUS, Klug Peters Reise, pag. 247.

HYBOSORUS NITIDUS, Lansberge.

Ovatus, niger, nitidus, ore, corpore subtus pedibusque piceis; capite rugoso-punctato, clypeo rotundato; prothorace convexo, marginato, antice attenuato, subtiliter punctulato, elytris punctorum striis 15-17 instructis, paulo inflatis; corpore subtus nitidissimo, fulvo-hirsuto. — Long. 7; lat. 4 mill.

De forme ovalaire, noir, brillant, la bouche, les pattes et le dessus bruns. Tête cunéiforme, couverte d'une ponctuation rugueuse, le bord antérieur brun, rebordé. Prothorax médiocrement convexe, finement ponctué, fortement rétréci en avant; base à peine sinuée; bord antérieur brunâtre. Écusson lisse. Élytres couvertes de nombreuses stries de points peu profonds qui disparaissent vers l'extrémité, enflées vers les deux tiers de leur longueur, arrondies conjointement à l'extrémité, bordées de brun. Dessous du corps très brillant ; antennes testacées; tibias antérieurs tridentés, la dent supérieure très petite; poitrine et pattes ciliées de brun.

Voisin de l'*H. Illigeri* mais plus petit, le prothorax plus atténué en avant, les élytres plus élargies, leur ponctuation plus grossière quoique pas plus profonde.

TROX DENTICULATUS, Ol.

Syrie, Arabie, Abyssinie.

TROX PROCERUS, Harold.

Arabie, Égypte, Kordofan, Abyssinie, Sénégal.

TROCHALUS MARGARITACEUS, Lansberge.

Ovatus, fuscus seu ferrugineus, sericeo-micans, thorace elytrisque margaritaceis; capite rugoso, clypeo constricto elevato, subtridentato; thorace basi longitudinaliter impresso, pilis albidis circumdato; elytris striatis, punctulatis ; pedibus anticis tridentatis. — Long. 5; lat. 13 mill.

De forme moins globuleuse que les autres espèces, brun ou ferrugineux, mat, avec des reflets irisés sur le prothorax et les élytres. Tête brillante, rugueuse sauf un petit point élevé lisse sur le vertex; chaperon prolongé: relevé et faiblement tridenté en avant. Prothorax velouté, rétréci et comprimé vers ses angles postérieurs, le milieu de la base aplati et impressionné, assez densément ponctué, entouré de poils rigides blanchâtres. Écusson triangulaire, imponctué. Élytres de la largeur du prothorax à la base, fortement irisées, couvertes de stries assez profondes, les intervalles faiblement ponctués. Dessous du corps mat; pattes et abdomen brillants; métasternum sillonné; pattes antérieures tridentées, la dent supérieure obsolète; poitrine et pattes ayant quelques points testacés.

PEGYLIS MACULIPENNIS, Lansberge.

Fuscus, nitidus, elytris rufomaculatis, subtus dense cinereo-vestitus; capite rugoso, fronte carinata, clypeo leviter sinuato; thorace brevi, coriaceo, disco impresso; scutello triangulari, punctulato; elytris coriaceis, dense grosseque punctatis, marginatis, humeris impressis. — Long. 20; lat. 10 mill.

Ayant le facies d'une *Ancylonycha*, d'un brun noirâtre brillant avec des rangées longitudinales irrégulières de taches fauves sur les élytres. Tête fortement rugueuse, presque quadrangulaire; le chaperon arrondi de côté; en avant des yeux une carène parallèle au bord antérieur. Prothorax du double plus large que long, dilaté latéralement, rétréci en avant, légèrement bisinué à la base, coriace, densément ponctué; un sillon peu marqué sur le disque. Écusson grand, triangulaire, coriace, ponctué. Élytres à peu près de la largeur du prothorax à la base, allant en s'élargissant un peu jusqu'aux deux tiers, coriaces, rebordées, couvertes de gros points irréguliers, sans trace de stries; près des épaules une impression qui donne naissance à un repli transversal le long du prothorax. Pygidium rugueux, couvert d'une fine pubescence grise. Dessous du corps couvert de poils gris plus longs sur la poitrine et peu denses sur les pattes; labre composé de deux lames perpendiculaires reliées entr'elles par un petit feston; les articles 3-5 presque soudés ensemble.

C'est avec doute que je range cette espèce dans le genre *Pegylis*. Je crois plutôt qu'elle devrait former un genre nouveau que j'hésite cependant à créer incidemment; le groupe des Rhizotrogides devrait être remanié en entier.

ANOMALA KERSTENI, Gerstæcker.

Ins. v. Ost., Afrika, p. 110, n° 116.

ANOMALA SIMILIS, Lansberge.

Ovata, tota testacea, clypeo, tibiis tarsisque infuscatis, nitida, glabra; capite rugoso-punctato; thorace punctulato; elytris punctato-striatis. — Long. 14; lat. 7 1/2 mill.

Entièrement testacée sauf le chaperon, les tibias et les tarses qui sont bruns et une petite tache noirâtre, peu distincte de chaque côté du prothorax. Le dessus du corps est brillant, glabre, le dessous couvert de poils testacés. Tête couverte d'une ponctuation rugueuse moins forte sur le vertex; chaperon séparé du front par une ligne élevée, relevé antérieurement, son bord un peu plus foncé. Prothorax convexe, finement ponctué, entièrement rebordé, s'avançant un peu au milieu de la base, ses angles postérieurs arrondis, assez fortement retréci en avant. Écusson en triangle, ponctué, ses bords convexes. Élytres un peu plus larges que le prothorax à la base, s'élargissant jusqu'aux deux tiers, puis se rétrécissant un peu et se terminant séparément; ponctuation peu profonde, irrégulière, formant quatre côtes peu prononcées antérieurement; épaules saillantes, très lisses. Pygidium et abdomen glabres, légèrement ponctués. Métasternum sillonné. Pattes vigoureuses. Tibias antérieurs bidentés avec un vestige de troisième dent. Dents et carènes des tibias noires. Antennes testacées.

Cette espèce est voisine des *A. pallida* Fabr. et *distinguenda* Blanch. dont elle diffère par sa couleur uniforme, son facies moins parallèle et l'irrégularité de la ponctuation des élytres. Elle se distingue principalement de l'*A. fusciceps* Burm., en ce qu'elle n'a pas que le chaperon de foncé et qu'il lui manque le faisceau de poils aux hanches antérieures.

Elle a la plus grande analogie avec la précédente avec laquelle on pourrait facilement la confondre si ce n'était qu'elle est un peu plus petite, qu'elle a le prothorax et l'écusson moins larges et les crochets externes des pattes intermédiaires entiers.

PHÆNOMERIS DECORATA, Reiche.

Thoms., Mus. Scient., 1860, 23, pl. IX, fig. 2.

N'a été signalé encore qu'au Soudan.

ELAPHINIS QUADRIPUNCTATA, Lansberge.

Angustata, plana, nigra, elytris flavis sutura circum

scutellum maculisque 4 nigris, subtus griseo-pilosa. — Long. 10; lat. 5 mill.

Allongée, aplatie, noire, brillante, les élytres d'un jaune fauve, la suture le long de l'écusson et deux taches noires de chaque côté sur le disque dans la partie postérieure. Tête allongée, parallèle, légèrement creusée au milieu, rugueuse, à chaperon carré en avant, rebordé et relevé un peu en toit. Prothorax convexe, aussi long que large, fortement rétréci en avant, largement échancré à la base, arrondi sur ses bords latéraux, couvert d'une ponctuation aciculée qui laisse une ligne longitudinale et le bord postérieur lisse. Écusson grand, en triangle allongé, bombé, ayant seulement quelques points sur le bord antérieur. Élytres plus larges que le prothorax à la base, assez fortement échancrées en dessous des épaules, parallèles ensuite, terminées par une petite épine ; ponctuation irrégulière, plus forte vers les bords latéraux ; suture et deux côtes élevées dont la première s'évanouit vers le milieu de l'élytre, dans l'espace creux qui se trouve entre la suture et la deuxième côte; épimères fortement ponctués. Pygidium bombé, faiblement rugueux. Dessous du corps brillant; poitrine lisse au milieu ; abdomen ayant quelques points épars ; poitrine et pattes frangées de gris. Tibias antérieurs fortement bidentés.

Le mâle est plus étroit que la femelle et chez lui l'épine terminale de l'élytre est beaucoup plus allongée.

GAMETIS BIPUNCTATA, Lansberge.

Modice elongata, opaca, nigra, elytris fulvis, sutura,

apice maculisque duabus nigris, subtus nitida, pectore pedibusque griseo-hirsutis. — Long. 12 ; lat. 6 1/2 mill.

De forme un peu plus raccourcie que le *G. æquinoctialis* dont elle se rapproche du reste le plus. Noire, veloutée en dessus, brillante en dessous, les élytres fauves avec une bande le long de l'écusson et de la suture, ainsi que deux bandes transversales rudimentaires, partant de la suture et s'arrêtant au milieu de disque, noires ; en outre un point noir sur le disque entre la seconde bande et le bord extérieur. L'extrémité est également de cette couleur. Tête brillante, rugueuse, le chaperon légèrement rétréci et bilobé en avant, un peu relevé au milieu. Prothorax plus large que long, échancré au milieu à la base, ses bords latéraux droits en arrière, fortement rétrécis en avant; ponctuation assez forte, distincte à travers l'enduit velouté. Écusson ogival, imponctué. Élytres plus larges que le prothorax à la base, deux fois aussi longues que larges, allant un peu en se rétrécissant à partir du sinus huméral, couvertes de stries de points, l'extrémité rugueuse, l'épine suturale fort peu prononcée. Pygidium rugueux, portant quelques poils gris. Dessous du corps brillant. Sternum et abdomen faiblement ponctués, les flancs couverts de petites rides ; pointe sternale non dilatée antérieurement. Pattes ornées d'une frange épaisse de poils gris ; les tibias antérieurs bidentés.

N.B. Le dessin des élytres est identique dans tous les exemplaires que j'ai pu examiner.

GAMETIS ANGUSTATA, Lansberge.

Elongata, nigra, velutina, elytris rufis macula suturali apiceque nigris, subtus nitida pectore pedibusque griseo-pilosis. — Long. 13; lat. 6 mill.

Plus étroite que toutes les autres espèces connues, noire, veloutée en dessus, lisse en dessous; épimères et élytres fauves, ces dernières ayant une tache commune noire qui entoure l'écusson, se prolonge le long de la suture et s'étend sur toute l'extrémité. Cette tache est déchiquetée vers le centre de l'élytre. Tête brillante fortement ponctuée, le chaperon faiblement rétréci et bilobé, un peu bombé au milieu. Prothorax échancré au milieu de la base, parallèle dans sa moitié postérieure, fortement rétréci en avant, ses bords latéraux sinués en arrière, couvert de points à peine visibles à travers l'enduit velouté. Écusson ogival à extrémité arrondie. Élytres de la largeur du prothorax à la base, non rétrécies en arrière, munies de stries à peine perceptibles et de deux côtes rudimentaires; leur extrémité déprimée; ponctuation à peine perceptible. Épimères fauves, lisses. Pygidium soyeux, fortement ponctué. Dessous du corps lisse au milieu, fortement ponctué latéralement; sternum sillonné; poitrine et pattes frangées de poils gris. Pattes courtes, les antérieures tridentées, les dents plus fortes dans la femelle qui a également l'épine suturale moins prononcée.

STALAGMOSOMA LUCTUOSA, Lansberge.

Sat lata, nigra, nitida, thorace albomarginato maculisque 4 albis ornato, elytris singulo 4 maculis albis marginalibus quarum secunda majore, pectore abdomineque albomaculatis; capite parvo, rugoso; thorace fortiter punctato elytris punctato-striatis, tibiis anticis tridentatis. — Long. 14 ; lat. 8 mill.

De forme assez courte, noire, brillante, ornée de taches blanches. Tête petite, parabolique, finement rebordée en avant, rugueuse, le vertex ponctué. Prothorax un peu moins long que large, légèrement échancré au milieu à la base; celle-ci arrondie vers les angles latéraux ; bords latéraux arqués, se rétrécissant régulièrement mais fortement jusqu'au sommet ; ponctuation très forte antérieurement, plus espacée en arrière, disparaissant presque au milieu de la base; les bords latéraux bordés de blanc; deux taches de cette couleur de chaque côté du disque dont une près de la base et la seconde plus petite au-dessus de celle-ci. Écusson grand, lisse, bordé de blanc, un gros point terminant la bordure en avant. Élytres en carré oblong, plus larges à la base que le prothorax, faiblement sinuées au-dessous de l'épaule, arrondies postérieurement, à angle sutural droit, peu ou pas épineux ; des rangées de gros points ombiliqués se confondent vers l'extrémité; une côte élevée sur le disque ; quatre taches blanches enfoncées le long du bord marginal dont une petite sur la même ligne que l'extrémité de l'écusson, une beaucoup plus grosse vers les deux tiers, une petite ronde au-dessous de celle-ci et la quatrième ovale, oblique près de l'angle sutural. Épimères ayant quelques gros points et une tache blanche. Pygidium aciculé, orné de chaque côté d'une tache blanche. Dessous du corps lisse au milieu, aciculé latéralement; flancs ornés d'une grande tache blanche. Des taches blanches sur les hanches postérieures et l'abdomen. Poitrine et pattes revêtues de poils gris peu denses.

SOMALIBIA *Genus novum*, Lansberge.

Caput oblongo-quadratum, clypeo subbilobo, lobis elevatis rotundatis. Prothorax trapezoidalis, basi late, haud profunde sinuatus. Scutellum magnum, apice rotundatum. Elytra brevia, humeris valde ampliata, ultra humeros recta, apice leviter sinuata, sutura subspinosa. Sternum planum, breve apice obtuse rotundatum inter coxas haud angustatum. Pedes robusti, tibiis anticis in utroque sexu fortiter bidentatis, posticis extus vix sinuatis, tarsorum articulo primo extus in spinam producto.

SOMALIBIA GUTTIFERA, Lansberge.

Nigra, nitida, elytrorum disco sæpe rufescente ; capite rugoso, fronte convexa ; thorace rugoso-punctato ; linea media elevata, basi lævigato, lateribus vitta marginali albo; elytris bicostatis minus profunde punctatis, disco guttis margine ultra medium maculis tribus majoribus albis ornatis; corpore subtus lœvissimo, trochanteribus posticis rufis. — Long. 9; lat. 5 mill.

De forme courte et ramassée comme une *Heteroclita*, brillante, noire, ornée de taches blanches. Souvent le disque des élytres est d'un brun rouge. Les trochanter postérieurs sont toujours de cette couleur.

Tête médiocrement allongée, creusée entre les yeux.

fortement rugueuse; le chaperon rebordé, sinué au milieu à l'extrémité, relevé de chaque côté. Prothorax plus large que long, fortement rétréci en avant, couvert d'une ponctuation rugueuse qui laisse une ligne longitudinale élevée et le milieu de la base lisses ; celle-ci faiblement sinuée en avant de l'écusson, arrondie de côté de manière à se confondre avec les bords latéraux; ceux-ci largement bridés de blanc. Écusson très grand, en triangle allongé, fortement ponctué à la base, subsillonné au milieu. Épimères larges, presque quadrangulaires, fortement ponctués. Élytres beaucoup plus larges que le prothorax, parallèles en dessous du sinus huméral, arrondies en arrière avec la suture faiblement épineuse ; la suture et deux côtes élevées, celles-ci entières et se réunissant en arrière ; ponctuation rugueuse, irrégulière, peu profonde ; passé le milieu de l'élytre, trois grandes taches latérales blanches dont la dernière touche à la suture; en outre plusieurs petites taches de même couleur, dont le nombre diffère selon l'individu, sur le disque et sur les bords latéraux. Pygidium couvert d'une ponctuation écailleuse et orné de chaque côté d'une grande tache blanche. Corps très lisse en dessous, indistinctement ponctué sur les côtés, le sternum sillonné, ayant quelques gros points épars. Poitrine et pattes ornées de poils gris. Antennes brunes.

Le mâle a l'abdomen excavé longitudinalement et les dents des tibias antérieurs un peu moins fortes que la femelle.

LEUCOCELIS RUFICAUDA, Lansberge.

Angustata, nigra, thorace rufo, plus minusve nigromaculato, elytris laete viridibus, ad marginem ultra medium guttis tribus albis ornatis, pygidio rubro, basi nigricante, subtus immaculata, abdomine apice rubro. — Long. **11**; lat. 5 mill.

Voisine des *L. hæmorrhoidalis* et *dyssenterica* (Boh.), mais différant de la première par son prothorax plus petit, plus profondément ponctué, son abdomen immaculé, de la seconde également par la forme et la ponctuation du prothorax, de toutes deux par les trois taches latérales des élytres et le sternum sillonné. Tête un peu plus large que dans l'*hæmorrhoidalis*, un peu atténuée en avant, fortement rugueuse. Prothorax aussi long que large, fauve avec le bord antérieur et la base noirs, cette couleur s'étendant parfois sur une grande partie du disque; la base arrondie, les bords latéraux droits en arrière, s'arrondissant régulièrement en avant jusqu'au sommet qui est assez étroit; ponctuation assez forte en avant, aciculée de côté et disparaissant en arrière. Écusson lisse. Élytres allongées, fortement dilatées à la base, atténuées en arrière, sinuées à l'extrémité avec la suture fortement épineuse, semblables pour la ponctuation à ceux de l'*hæmorrhoidalis* mais les points plus larges, plus prononcés; d'une belle couleur vert émeraude, avec trois taches marginales blanches dont la première passé le milieu, la seconde au-dessous de celle-ci et la troisième à l'extrémité, mais encore assez éloignée de la suture. La première tache ne touche pas le bord extérieur comme les deux dernières. Pygidium fauve, noirâtre à la base. Dessous du corps lisse, brillant; quelques points ombiliqués sur le sternum qui est légèrement sillonné ; dernier segment abdominal fauve ; poitrine et pattes frangées de gris.

LEUCOCELIS RUFOCINCTA, Lansberge.

Oblongo-ovata, nitida, nigra, thorace basi et lateribus rufocincto, elytris obscure viridibus, albo-guttatis, pygidio rufescente, corpore subtus immaculato, sterno sat profunde inter coxas sinuato.— Long. 11; lat. 5 1/2 mill.

De la taille de l'*hæmorrhoidalis*, mais plus ovalaire, très brillante, comme vernissée, noire avec les bords postérieur et latéraux du corselet ainsi que le pygidium d'un fauve rougeâtre, les élytres d'uu vert foncé, tachetées de blanc. Tête un peu atténuée en avant, bombée sur le front, densément ponctuée. Prothorax plus large que long, arrondi à la base, ses bords latéraux droits en arrière, arrondis en avant, le sommet moins étroit que dans l'espèce précédente, la ponctuation espacée mais assez profonde, plus faible à la base. Écusson lisse. Élytres médiocrement élargies à la base, moins atténuées en dessous du sinus huméral que les espèces typiques, les côtes un peu plus prononcées, la ponctuation égale à celle de l'*hæmorrhoidalis*, mais la deuxième strie géminée jusqu'au bout, les stries latérales plus fortes, régulières. Le dessin se compose de petites gouttes blanches placées sur la partie postérieure et formant un triangle dont la base se trouve juxtaposée à celle du triangle correspondant de l'autre élytre. En outre il y a quelques gouttelettes tout à fait vers l'extrémité. Le pygidium a une ponctuation écailleuse. Le dessous du corps est entièrement noir, très brillant, le sternum noduleux au bout, assez fortement échancré entre les hanches intermédiaires, sillonné et couvert de quelques points peu profonds. La poitrine est fortement aciculée et, de même que les pattes, ornée de poils gris peu denses. Les crochets sont bruns, transparents.

LEUCOCELIS VIRIDISSIMA, Lansberge.

Oblongo-ovata, nitida, supra obscure viridis, subtus nigra, iridimicans, elytris alboguttatis, pygidio concolore. — Long. 11; lat. 5 mill.

Très voisine de la précédente dont elle a la forme générale, la couleur des élytres et le sternum, mais en différant par le manque de bordure fauve au prothorax et la position des gouttes blanches sur les élytres. Tête d'un vert foncé, densément ponctuée, convexe sur le front. Prothorax entièrement vert foncé, arrondi à la base, à bords droits en arrière, médiocrement rétréci en avant, couvert d'une ponctuation espacée mais assez profonde, plus faible à la base. Écusson lisse. Élytres exactement pareilles à ceux de l'espèce précédente, mais les gouttelettes blanches placées de manière à former conjointement non un parallélogramme, mais un triangle dont la base est en haut. Pygidium noir, à ponctuation écailleuse. Dessous du corps pareil à celui de l'espèce précédente.

LEUCOCELIS ALBOGUTTATA, Lansberge.

Oblongo-ovata, nitida, nigra, thoracis margine antico,

pygidio anoque fulvis, elytris iridibus , alboguttatis, thorace disco albo-quadripunctato. — Long. **11** ; lat. 5 mill.

De la forme ovalaire des deux précédentes, brillante, noire avec les bords latéraux du prothorax en avant, le pygidium et l'anus fauves; les élytres d'un vert foncé, tachetées de blanc. Tête un peu acuminée à l'extrémité, fortement rugueuse, creusée entre les yeux, le vertex ponctué. Prothorax aussi long que large, petit comparativement aux autres espèces, arrondi à la base, médiocrement rétréci au sommet, couvert d'une ponctuation peu profonde, aciculée sur les bords latéraux, plus fine à la base. La couleur est noire avec la moitié supérieure des bords marginaux fauve; sur le disque il y a quatre toutes petites taches blanches placées en carré et qui font quelquefois défaut. Écusson lisse. Élytres médiocrement élargies à la base, peu atténuées en dessous du sinus huméral, arrondies et sinuées à l'extrémité avec la suture épineuse, les épines très fortement divergentes. La ponctuation et les côtes sont pareilles aux espèces précédentes, les deux stries intérieures entièrement géminées, l'extérieure se terminant vers les deux tiers; la ponctuation irrégulière vers les bords latéraux. La couleur est un beau vert émeraude parsemé de petites taches blanches, dont une plus grande sur le bord vers les deux tiers et une autre également plus grande au bout de l'élytre. Pygidium fauve, indistinctement ponctué. Dessous du corps très brillant, noir avec l'anus rouge, sans aucun vestige de taches blanches; sternum médiocrement large, légèrement sillonné, couvert de tous petits points épars ; poitrine et pattes aciculées, ornées de poils gris : abdomen fortement creusé au milieu dans le mâle avec l'avant-dernier segment saillant dans les deux sexes, mais surtout dans le mâle.

LEUCOCELIS LACRYMANS, Lansberge.

Ovata, nitida, nigra, elytris obscure viridicœruleis alboguttatis, prothorace maculis albis impressis ornato ; elytris distincte costatis, sterno inter coxas magis angustato.

De la forme de l'*O. cinctella*, très brillante, noire avec les élytres d'un bleu verdâtre foncé, tachetées de blanc. Tête un peu atténuée à l'extrémité, rugueuse, plane entre les yeux. Prothorax aussi long que large, arrondi à la base, parallèle en arrière, arrondi et rétréci en avant, très densément ponctué sauf près de la base où la ponctuation devient plus espacée; orné de deux petites fossettes à fond blanc en avant sur le disque et de quatre fossettes identiques à la base, dont les deux extérieures près du bord marginal. Écusson lisse, légèrement convexe. Élytres non atténuées en dessous du sinus huméral qui est lui-même assez faible, arrondies à l'extrémité, mais non sinuées près de la suture qui n'est pas épineuse. Elles ont deux côtes distinctes, la côte interne n'étant pas abrégée. Les stries sont distinctement géminées jusqu'à l'extrémité. Les taches blanches diffèrent en nombre selon les individus. En général il y en a quelques-unes placées en triangle dans la première moitié, une plus grande marginale vers les deux tiers et une dizaine dont deux terminales transversales au bout des élytres. Pygidium indistinctement ponctué, orné de poils gris, ayant de chaque côté une petite tache blanche. Dessous du corps brillant, noir, avec quelques petites taches blanches sur les flancs et une autre un peu plus grande sur la partie des hanches postérieures visible d'en haut. Le sternum est couvert de gros points et fortement échancré entre les hanches intermédiaires. Sauf le sternum et le milieu de l'abdomen, tout le dessous du corps est couvert de longs poils gris, très denses sur les cuisses des quatre premières pattes.

LEUCOCELIS CINCTIPENNIS, Lansberge.

Oblongo-ovata, nitida, nigra, thorace, pygidio anoque rufis, elytris albomarginatis, thorace supra scutellum paulo emarginato. — Long. 11; lat. 5 mill.

De la forme de l'*haemorrhoidalis*, brillante, noire avec le prothorax, le pygidium et l'anus fauves, les élytres bordées de blanc. Tête un peu atténuée en avant, rugueuse, convexe entre les yeux. Prothorax plus large que long, arrondi à la base avec une petite échancrure au-dessus de l'écusson, se rétrécissant médiocrement de la base au sommet, couvert de très petits points qui disparaissent vers la base, laquelle est bordée de noir. Écusson lisse. Élytres allongées, se rétrécissant fortement en dessous de l'épaule, subtronquées au bout, sinuées près de la suture qui est assez fortement épineuse. Les côtes sont oblitérées, mais la concavité postérieure près de la suture est très distincte. Les stries géminées sont très larges, la seconde simple dans sa seconde moitié. Le bord est orné, à partir de l'épaule jusqu'à l'extrémité extérieure, d'une bande blanchâtre formée par un enduit très épais. Pygidium faiblement ridé. Dessous du corps brillant, lisse, le sternum large, sillonné et faiblement ponctué. Les cuisses antérieures seulement sont villeuses. Les intermédiaires ont une petite frange et la poitrine est entièrement glabre.

LEUCOCELIS CŒRULESCENS, Lansberge.

Oblongo-ovata, nitida, nigra, thorace, pygidio anoque rufis, elytris obscure cyaneis, albomarginatis, thorace basi rotundato. — Long. 11; lat. 5 mill.

Très voisine de la précédente, mais en différant entre autres par la couleur des élytres et la base du prothorax qui est entière. Noire, brillante, le prothorax, le pygidium et l'anus fauves, les élytres d'un bleu foncé, marginées de blanc. Tête comme dans la précédente. Prothorax plus large que long, arrondi à la base, plus orbiculaire que dans l'espèce précédente, beaucoup plus fortement ponctué, la base également bordée de noir. Écusson lisse. Élytres semblables, sauf la couleur, à celles de l'espèce précédente, mais les côtés et le calus apical un peu plus prononcés, la bordure blanche continuant jusque près de la suture, mais ne l'atteignant pas. Dessous du corps comme dans l'espèce précédente, mais le sternum bien moins fortement ponctué.

MAUSOLEOPSIS, *genus novum*, Lansberge.

Similis *Leucoceli* sed corpore crassiore, postice haud attenuato, in mare majore quam in femina, colore semper nigro, albomaculato. Differt præsertim structura pedum. Caput ut in *Leucoceli*. Thorax basi rotundatus, ante scutellum plus minusve emarginatus. Scutellum acutum. Elytra modice elongata, ultra sinum humeralem vix attenuata, sutura apice spinosa. Sternum ut in *Leucoceli*. Pedes breviores crassioresque. Femora postica in mare valde dilatata, extus arcuata; tibiæ crassissimæ, sæpe intus laminatæ. Ungues antici in mare crassi, difformes, ungue externo interno multo majore.

Genre établi aux dépens d'un groupe de *Leucocelis* dont les espèces, très homogènes entr'elles, s'éloignent faiblement des *Leucocelis* typiques. Elles ont en outre un caractère de premier ordre qui rend la création d'un nouveau genre nécessaire. Les pattes postérieures sont beaucoup plus courtes et plus épaisses que dans les genres voisins, surtout dans le mâle dont les tarses antérieurs offrent en outre une conformation complètement insolite parmi les Cétonides. Les crochets sont inégaux, l'externe étant beaucoup plus grand que l'interne, épaissi au milieu et parfois comme contourné.

Le type du genre est la *L. amabilis* Schaum. Il faut y ajouter les *L. custalacta* Burm, avec sa variété *Clouei, Vandana* Krynik, *Selika* et *rubriceps* Raffray, ainsi que les quatre espèces nouvelles dont je fais suivre la description.

MAUSOLEOPSIS REVOILI, Lansberge.

Late ovata, nitida, nigra, tota albomaculata; thorace basi ante scutellum subsinuato lateribus bimaculato, elytris latis, obsolete costatis, ultra medium macula alba magna marginali, duabusque minoribus apice ornatis. — Long. 10-13 ; lat. 6-8 mill.

De la forme de la *L. amabilis*, mais plus large, brillante, noire, tachetée de blanc. Tête atténuée en avant, couverte d'une ponctuation rugueuse, ayant une légère élévation entre les yeux. Prothorax à peu près aussi large que long, arrondi à la base avec une légère sinuosité en avant de l'écusson, les angles postérieurs très distincts, se rétrécissant fortement de la base au sommet, couvert d'une ponctuation éparse, peu profonde, presque nulle à la base. De chaque côté il y a le long du bord latéral deux taches blanches dont l'une apicale, l'autre plus grande un peu au-dessous de la première. Écusson lisse. Élytres beaucoup plus larges que le prothorax, un peu atténuées et arrondies à l'extrémité, sinuées près de l'épine suturale, ayant deux côtes peu distinctes dont l'intérieure disparaît vers le milieu, ornées de stries géminées dont la seconde simple en arrière, vers les deux tiers il y a une grande tache marginale ronde, blanche, et vers l'extrémité deux plus petites triangulaires. Pygidium aciculé, orné de chaque côté d'une grande tache blanche. Dessous du corps brillant, couvert de rides et de points émettant de petits polis gris; sternum large, faiblement ponctué ; les flancs entièrement blancs, les hanches postérieures ayant une petite tache blanche sur la partie visible d'en haut, l'abdomen orné de chaque côté d'une petite tache sur chaque segment et portant sur le cinquième segment de chaque côté une large tache oblique de même couleur. Le crochet antérieur externe du mâle a tout fait la forme d'un fer de lance.

MAUSOLEOPSIS OCULATA, Lansberge.

Ovata, nitida, nigra, albomaculata; thorace basi rotundato, ante scutellum vix sinuato, utrinque ad marginem macula alba ornato; elytris singulo maculis tribus albis ornato quarum una parva prope basin, altera marginali magna post medium et tertia minore apicali. — Long. 9; lat. 5 mill.

De la forme de l'*amabilis* mais de moitié plus petite. Tête pareille à celle de la précédente. Prothorax à peu près aussi large que long, arrondi à la base, qui n'a qu'un vestige de sinuosité en avant de l'écusson, à angles postérieurs distincts, bords latéraux droits, un peu relevés en arrière, se retrécissant médiocrement en avant. La ponctuation est serrée, mais peu profonde. De chaque côté, il y a vers le milieu une tache blanche enfoncée ovale. Écusson ayant quelques petits points. Élytres presque parallèles en arrière, arrondies et sinuées à l'extrémité, ayant deux côtes distinctes, dont l'interne disparaît vers le milieu, et des stries géminées dont les externes seulement sont formées par des points ombiliqués. Près de l'épaule il y a une impression au-dessous de laquelle se trouve une petite tache blanche. Une seconde tache blanche beaucoup plus grande orne le bord marginal vers les deux tiers et une troisième plus petite, l'extrémité. Quelquefois il y en a une quatrième sur le disque. Pygidium aciculé, ayant de chaque côté une petite tache blanche. Dessous du corps entièrement noir, sans taches. Le sternum est lisse au milieu, sillonné, son bord antérieur un peu noduleux. La vestiture est comme dans l'espèce précédente. Le crochet externe du mâle est dilaté seulement en dehors. Les pattes postérieures sont moins épaisses que dans la *M. Revoili.*

MAUSOLEOPSIS FUNEBRIS, Lansberge.

Ovata, nitida, nigra, thorace basi albo-bimaculato, lateribusque albo-marginato, elytris macula magna laterali, altera apicali nonnullisque parvulis albis, thorace disco biimpresso, elytris distincte costatis. — Long. 9-11 ; lat. 5-6 mill.

De la forme de l'*Ox. Perroudi* mais de moitié plus petite, entièrement noire, brillante, tachetée de blanc. Tête atténuée en avant, couverte d'une ponctuation rugueuse, le front légèrement convexe. Prothorax aussi long que large, arrondi à la base, largement échancré en avant de l'écusson, les angles postérieurs saillants, les bords latéraux un peu sinués en arrière, se rétrécissant assez fortement après le milieu. La ponctuation est espacée, presque nulle à la base. Le bord marginal est bordé de blanc du sommet aux deux tiers, et près de la base il y a de chaque côté une petite tache enfoncée blanche et au-dessus de celle-ci une fossette. Épimères tachetés de blanc. Écusson ponctué et tomenteux à la base. Élytres médiocrement larges, non rétrécies après le sinus huméral, arrondies à l'extrémité, sinuées près de la suture qui est fortement épineuse. Les côtes, dont l'interne n'est pas entière, sont très distinctes, la ponctuation comme dans l'espèce précédente. Les taches blanches sont disposées comme suit: un peu avant le milieu deux petites gouttes sur le même plan, au-dessous de celles-ci une très grande tache marginale, à l'extrémité une grande tache en forme de croissant et en avant de celle-ci une petite goutte sur la première strie. Les petites taches sont cependant sujettes à disparaître. Pygidium aciculé, orné de chaque côté d'une très grande tache blanche. Dessous du corps orné de points qui émettent des poils gris, les flancs blancs aciculés de noir, les hanches postérieures tachetées de blanc, une petite goutte de cette couleur de chaque côté sur chaque segment abdominal. Le crochet externe antérieur du mâle est du double plus grand que l'interne, mais pour le reste il est à peu près de forme normale. Le sternum est impressionné à la base.

MAUSOLEOPSIS ALBOMARGINATA, Lansberge.

Ovata, nitida, nigra, thorace elytrisque albo-marginatis ; epimeris, pygidio, pectore abdomineque albomaculatis, thorace basi late sinuato. — Long. 9-10 ; lat. 5-6 mill.

Même facies que la précédente, un peu plus petite,

brillante, noire, tachetée de blanc. Tête un peu atténuée en avant, couverte d'une ponctuation rugueuse. Prothorax aussi large que long, arrondi à la base, largement sinué en avant de l'écusson, les angles postérieurs saillants, les bords latéraux un peu sinués en arrière, assez fortement arrondis et rétrécis après le milieu, ornés d'une large bande blanche qui va de la base au sommet. Ponctuation plus forte et plus serrée que dans la *funebris*. Épimères tachetés de blanc. Écusson ponctué et tomenteux à la base. Élytres comme dans la *funebris* mais les côtes moins prononcées, les pointes suturales plus divergentes, les stries intérieures en partie formées par des points, ornées d'une bande blanche qui commence au-dessous de l'épaule et est continuée jusque près de la suture, sans toutefois la toucher. Pygidium aciculé, ayant de chaque côté une ou deux taches blanches. Dessous du corps comme dans la précédente. Crochets externes antérieurs du mâle un peu dilatés en dehors, de forme irrégulière.

LYCIDÆ.

LYCUS REVOILI, Bourgeois.

♂ Fere orbicularis, subplanatus, parum nitidus, subglaber; capite antennisque piceo-nigris, nitidis, brevissime pubescentibus; fronte inter oculos excavata; rostro subcylindrico, tenui, capite multo longiore, subtilissime punctulato, flavo-pubescente; palpis maxillaribus nigris, nitidis, articulo ultimo suboblique truncato; prothorace trapeziformi, basi longitudine latiore, antice bisinuato, postice fere recto, ochraceo, disco medio triangulariter nigro, nigredine apicem haud attingente, lateribus late reflexo-foliaceis, subsinuatis, rugoso-punctatis, angulis anticis rotundatis, posticis paululum prolongatis, retusis, carinula brevi ad apicem alteraque ad basin; scutello quadrato-elongato, apice subrotundato, subtilissime canaliculato, nigro vel ochraceo, flavo-pubescente; elytris amplissimis, basi thorace haud latioribus, pone humeros rotundatim dilatatis (inde orbicularia conjunctim appareunt), ochraceis, postice nigris, nigredine longe suturam latius, longe marginem angustius ascendente, ad humeros valde inflatis, 4 costatis, prima costa elevata, 2-4 gradatim humilioribus, intervallis fortiter reticulato-punctatis, margine laterali reflexo, suturali in laminam verticalem elevata et ante apicem sinuata, angulo apicali prolongato (inde elytra apice incumbentia); corpore subtus nitidiore, pectore fulvo plus minusve nigrescente, abdomine omnino flavo-aurantiaco, segmentis 8 conspicuis, 1-7 transversis, ad marginem posteriorem angustissime pallidis, septimo leviter emarginato, ultimo fuscescente, elongato-ogivali; pedibus nigris, nitidis, femoribus tibiisque supra et infra longitudinaliter canaliculatis.

♀ Elytris subparallelis, ad apicem paululum dilatatis, ochraceis, triente posteriori nigris, nigredine antice denticulata, ad humeros haud inflatis, margine suturali simplici; pectore fere toto nigro, abdomine ad basin medio nigro-infuscato, segmentis tantum 7 conspicuis, ultimo transverso, postice truncato, bisinuato ; ceterum ut in mare.

♂ Long. 20-25 mill.; lat. hum. 5-6 mill.; lat. max. 16-21 mill.

♀ Long. 13-21 mill.; lat. 5-8 mill.

Variat elytrorum suturali nigredine latius extensa, cum fascia marginali plus minusve confluente.

LYCUS CONSOBRINUS, Bourgeois.

♂ Obovatus, parum convexus, vix nitidus, subglaber; capite antennisque nigro-piceis, nitidis, brevissime cinereo-pubescentibus; fronte inter oculos profunde excavata; rostro subcylindrico, tenui, capite longiore, subtilissime ruguloso, sparsim pubescente; palpis maxillaribus nigris, nitidis, articulo ultimo recte truncato; prothorace trapeziformi, basi longitudine latiore, antice subsinuato, postice subrecto, flavo-ochraceo, disco fere omnino nigro, nigredine apicem haud attingente, lateribus reflexo, foliaceis rectis, rugoso-punctatis, angulis anticis rotundatis, posticis haud productis, subacutis, carinula brevi ad apicem; scutello quadrato-elongato, subtiliter canaliculato, ad apicem subemarginato, nigro, nitido, pubescente; elytris amplis, basi thorace haud latioribus, pone humeros arcuatim dilatatis (inde obovata conjunctim apparent), flavo-ochraceis, macula juxtascutellari ad basin utrinque trienteque posteriori nigris, 4-costatis, costis duabus primis elevatioribus, tertia humiliori, qnarta ad humerum rotundatim cristata, intervallis fortiter reticulato-punctatis, margine laterali ante apicem sinuata ; corpore subtus nitidiore, pectore pedibusque nigris, trochanteribus femorumque basi flavescentibus, abdomine lateraliter late ochraceo, medio nigro fuscescente, segmentis 8 conspicuis, 1-7 transversis, septimo postice integro, ultimo fusco, triangulariter elongato; femoribus tibiisque supra et infra longitudinaliter canaliculatis.

♀ Prothorace minus transverso ; elytris subparallelis, ad apicem paululum dilatatis, crista humerali minus elevata, margine laterali ante apicem sinuata; abdominis segmentis tantum 7 conspicuis, nigro-piceis, lateraliter ochraceis, ultimo fere omnino nigro, semilunari.

♂ Long. 13 mill.; lat. hum. 3 1/2 mill.; lat. max. 8 mill.

♀ Long. 13 mill.; lat. 6 1/2 mill.

Ressemble beaucoup au *L. Raffrayi* Bourg., d'Abyssinie (Ann. Soc. ent. Fr., 1877, pag. 364), mais facile à distinguer par ses élytres sinuées avant l'angle apical dans les deux sexes; le dernier article des palpes maxillaires coupé droit à son extrémité et nullement sécuriforme, le pronotum moins largement relevé sur les côtés, la crête humérale moins saillante, les élytres plus régulièrement arrondies et un peu plus convexes achèvent de l'en différencier.

LYCUS AMPLIATUS, Fabr.

In Bohem. Ins. Caffrar., I, 2, pag. 432.

Déjà rencontré à Natal par J.-A. Wahberg. Paraît aussi se trouver au Cap de Bonne-Espérance.

BUPRESTIDÆ.

STERNOCERA ÆNEOCASTANEA, Fairm.

Long. 38 mill.

Oblonga, subelliptica, valde convexa; capite cupreo et viridi-æneo mixto, prothorace viridi-æneo metallico, foveolis silaceo-tomentosis, elytris castaneis, nitidis, viridi-æneo micantibus, plagulis minutis albido-tomentosis dense sparsutis; capite valde carioso, summo linea tenuissime elevata signato; prothorace utrinque antice plaga sat magna impressa, æneo-aurata, silaceo-tomentosa, dorso foveis profundis, disco majoribus perforato; elytris post medium attenuatis, apice obtusis, fortiter punctatis, punctis utrinque geminatim quadriseriatis et plagulis minutis tenuiter punctatis dense obsitis, basi et sub humeros impressis; subtus cyanea, nitidissima aureo-micans, punctis grossis, silaceo-tomentosis dense ornata, lateribus abdominis plagis magnis silaceo-tomentosis impressis; pedibus obscure castaneis.

Ce Buprestide intéressant se rapproche beaucoup du *S. castanea* pour la forme et le genre de coloration; il en diffère par le corselet offrant de chaque côté en avant une large impression tomenteuse, à fond un peu doré, par la tête carieuse, avec le bord postérieur moins saillant au milieu et par les élytres semées de très petites impressions tomenteuses et de gros points avec les intervalles ridés, à extrémité obtusément acuminée, nullement échancrée et par le dessous du corps très grossement ponctué.

JULODIS LACUNOSA, Fairm.

Long. 23 à 32 mill.

Oblongo-elliptica, valde convexa, æneo-viridis, nitida, pube flava tenui sparsuta, capite prothoraceque paulo cyanescentibus, illo antice dense flavo-tomentoso, hoc medio et ad latera longitudinaliter impresso et dense flavo tomentoso, elytris seriatim impressis, impressionibus flavo-tomentosis; capite rugoso-punctato, medio longitudinaliter elevato; prothorace elytris angustiore, antice a basi attenuato, carioso-punctato, impressionibus fere aureis, tenuiter dense rugulosis, medio linea leviter elevata brevi signata; elytris grosse punctatis, rugosis, basi transversim plicatis, apice obtusis, basi impressionibus 2 magnis, postea utrinque impressionibus fere quadriseriatis, seriebus 2 primis maculis oblongis, distantibus, 3ª parum distincta, externa numerosa, subtus viridiænea, æneo-aureo mixta, albido-pubescens, pectore medio et segmentis abdominalibus apice sat denudatis; ♀ major, magis obesa, maculis dorso confusis.

Forme du *J. Caillaudii*, mais plus atténué en arrière,

avec des élytres sans traces de côtes, ornées de fossettes à tomentosité jaune; les impressions du corselet sont moins larges, moins nettement limitées, la vestiture du dessous n'est pas uniforme, mais largement effacée sur la moitié apicale des segments abdominaux. La ♀ diffère à peine du *J. Caillaudii*, mais les élytres n'ont pas la côte étroite de cette dernière espèce ; c'est peut-être la seule différence tranchée entre les deux *Julodis*, car les fossettes sont parfois confondues et alors le dessin est le même. Néanmoins le ♂ est plus étroit, plus atténué en arrière et le dessous de l'abdomen est aussi moins pubescent.

JULODIS CAILLAUDII, Latr.

S'étend des bords de la mer Rouge au Sahara algérien.

JULODIS MYRMIDO, Fairm.

Long. 11 mill.

Oblonga, crassa, valde convexa, obscure ænea, metallica, modice nitida, subtiliter pubescens, elytris vage cupreo-vittatis; capite dense rugoso-punctato, linea media anguste lævi ; prothorace valde convexo, antice angustato, margine postico medio acute producto, dorso dense punctato, ruguloso, linea media tenuiter impressa et utrinque foveola minuta signato; elytris prothorace vix latioribus, fere parallelis, post medium angustatis, sutura apice extremo paulo dehiscente, angulo suturali sat acuto, utrinque leviter quadrisulcatis, sulcis latis, tenuiter dense punctatis, intervallis vix convexiusculis dense punctatis ac leviter rugosulis, basi paulo transversim plicatulis; subtus magis metallica, griseo-sericea, pedibus testaceis; antennis fuscis.

Voisin du *J. vittipennis* Boh., du lac N'Gami, mais un peu plus petit, plus trapu, le corselet plus large, plus arrondi en avant, les élytres plus courtes, ne se rétrécissant qu'en arrière, la coloration des pattes est différente.

C'est, je crois, la plus petite espèce de ce genre nombreux; elle est très intéressante, parce qu'elle représente dans le Nord de l'Afrique un groupe propre à la partie méridionale, comme le *Graphipterus* décrit ci-dessus.

STERASPIS IODOLOMA, Fairm.

Long. 35 mill.

Supra cupreo-aureus aut viridi-aureus, capite nigro-æneo, medio vix cupreo, prothorace vitta media et lateribus anguste æneo-cyanescentibus, elytris minus anguste violaceo aut cupreo-violaceo marginatis, subtus ænea tenuiter dense fulvo-pubescens, medio fusco-cœrulescente, paulo denudato; capite medio concavo, prothorace carioso-punctato, elytris lineis numerosis elevatis, intervallis dorso grosse punctatis, fere foveolatis, extus clathratis.

Ressemble beaucoup au *S. squamosa*, mais la couleur est d'un cuivreux doré en dessus avec la bordure des élytres violette, le dessous est bronzé, plus foncé au milieu, couvert d'une fine pubescence serrée d'un fauve clair, l'abdomen est très densément, assez finement et également ponctué sur les côtés avec des impressions bien visibles, le milieu est plus fortement ponctué, le corselet a trois bandes d'un bleuâtre foncé, l'impression latérale est bien moins marquée et il est étroitement bordé de brun noirâtre à la base ainsi qu'au bord antérieur.

PSILOPTERA NIGRITA, Fairm.

Long. 18 mill.

Oblonga, sat convexa, nitida, fusco-nigra, fere metallica, glabra, sed punctis et sulcis pube tenuissima grisea parce impletis; capite sat lato, convexo, grosse punctato ac rugoso, antice late sinuato; prothorace transverso, antice a medio leviter angustato, margine postico utrinque vix sensim sinuato, dorso paulo inœquali, grosse punctato, ad latera fere carioso, ad scutellum spatio oblongo parvo lævi et basi punctis 2 grossis impresso; scutello minuto, transverso, lævi; elytris prothorace vix sensim latioribus, a medio postice angustatis, apice oblique sinuato-truncatis, dorso fortiter punctato-striatis, punctis grossis, suturam versus minoribus sed extus foveolatis, intervallis convexis, punctis distantibus impressis, extus paulo interruptis; subtus luteo-villosa, lateribus paulo ænescens, grosse punctata, abdomine basi medio impresso et utrinque carinata, margine externo longe impresso et dense rufo-pubescente.

Doit se placer dans le groupe du *P. mimosæ* Klug, qui se retrouve au Sennaar et à Massouah; mais, outre la coloration, notre insecte en diffère par la sculpture des élytres et de l'abdomen.

PSILOPTERA RUGOSA, Pal. Beauv.

S'étend du Sénégal à l'Abyssinie.

PSILOPTERA GRANDICEPS, Fairm.

Long. 14 1/2 mill.

Elongata, subcylindrica, nitida, capite prothoraceque fusco-violaceis, elytris fusco-metallicis, striis, plagulis depressis et basi cupreo-æneis; capite lato, convexo, grosse punctato, prothorace vix angustiore; prothorace transversim quadrato, antice haud angustato, lateribus vix arcuatis, dorso parum dense grosse punctato, ad scutellum spatio parvo lævi, utrinque impresso; scutello minuto, lævi, cœruleo; elytris post medium attenuatis, apice paulo oblique sinuato-truncatis, fortiter punctato-striatis, punctis grossis, intervallis convexiusculis, apice angustis et magis elevatis, plagulis depressis, tenuiter rugulosis, extus interruptis, intervallo 1° integro, 2° postice paulo interrupto, 3° basi depresso; subtus grosse punctata, cyanea, fulvo-villosa, pectoris lateribus femoribusque magis cupreis, tarsis cyaneis, abdominis margine impresso, cupreo-aureo dense pubescente, segmento 10° valde impresso, impressionis lateribus parallelis carinatis.

La place de cet insecte est assez difficile à trouver ; il ressemble un peu au *P. mimosæ*, mais plus étroit, plus parallèle, plus convexe, avec les élytres fortement striées-ponctuées.

CHRYSOBOTHRIS ÆNEIFRONS, Fairm.

Long. 7 mill.

Oblonga, parum convexa, supra fusco-violacea, parum nitida, subtus æneo-cuprea, nitidior, capite antice viridi-metallico nitidissimo, dense punctato, summo stria longitudinali tenui, inter oculos stria transversa leviter arcuata, tenui, subtus carina transversa, facie arcuatim striolato, margine antico leviter sinuato; prothorace transverso, basi profunde utrinque sinuato, angulis posticis valde obtusis, dorso tenuiter transversim striolato; elytris paulo post medium ampliatis et postea angustatis, subtiliter crenulatis, dorso dense tenuissime rugosulis, basi biimpressis et ante medium obsolete impressiusculis; segmentis abdominalibus utrinque impressis et acute dentatis, ultimo medio carinato, apice emarginato et acute bispinoso.

Se place à côté de l'*auripes*, du Sénégal.

POLYCESTA ARABICA, Gestro.

Trouvé d'abord à Aden.

ACMÆODERA POLITA, Klug.

Sénégal, Egypte.

ACMÆODERA ELEVATA, Klug.

Nubie.

SPHENOPTERA JUGULATA, Fairm.

Long. 11 mill.

Oblonga, parum convexa, postice attenuata, fuscocuprascens, elytris vage violascentibus, sat nitida, capite brevi, lato, dense sat fortiter punctato, margine antico cupreo, nitido, medio emarginato, labro et epistomate cupreis; prothorace transversim subquadrato, antice vix angustiore, lateribus leviter arcuatis, angulis anticis acutissimis, dense punctato, ad latera utrinque foveolis 2 approximatis, medio linea tenuissima subelevata; scutello transverso, apice acuto, lævi; elytris prothorace parum latioribus, basi subgibbosis, apice tantum angustatis trispinosis, suturali minutissima, duabus externis acutis, tenuiter lineato-punctatis, vix striatulis, striis 2ª 3ª que apice profundioribus, punctis basi majoribus, transversis; subtus cum pedibus cupreo-ænea, nitida, dense punctata, prosterno late ac profunde sulcato, abdominis segmento ultimo margine sulcato et fusco, apice bispinoso.

Voisin du *S. Raffrayi*, d'Abyssinie, en diffère par la taille plus petite, la tête plus courte, plus échancrée au bord antérieur, le corselet plus ponctué, moins rétréci en avant avec les angles antérieurs très pointus, les élytres plus étroites, plus égales, et le prosternum fortement sillonné.

SPHENOPTERA LÆSIVENTRIS, Fairm.

Long. 11 mill.

Elongata, modice convexa, postice longe attenuata, æneo-cuprea, nitida, elytris subpurpureis, subtus nitidior; capite paulo nitidiore, late excavato, sat dense punctato, antice emarginato; prothorace transverso, lateribus rectis, antice tantum arcuatis, marginatis, basi utrinque sat fortiter sinuata, angulis posticis postice productis, acutis, dorso sat dense punctato, ad latera densius, postice medio linea longitudinali lævi obsoleta; scutello transverso, fere lævi, apice acuto; elytris a basi leviter, post medium magis attenuatis, apice trispinosis, spina externa paulo anteriore, crenato-substriatis, striis parum impressis, sed punctis quadratis, striis 3 primis profundioribus, intervallis 3°, 5° 10° que postice fere costatis ; subtus tenuiter dense punctata, abdomine toto late sat profunde medio impresso, apice bispinoso.

Très voisin du *S. Dumolinii* Gory, du Sénégal, par le front largement impressionné, le corselet plus large, plus droit sur les côtés qui s'arrondissent seulement en avant et sont plus rebordés, les élytres à lignes plus fortement ponctuées et par l'abdomen canaliculé dans toute sa longueur.

MELYRIDES.

MELYRIS SEMIHIRTA, Fairm.

Long. 9 mill.

Oblonga, subparallela, convexa, cærulescenti-virescens, metallica, capite, prothorace elytrorum basi et margine externo longe parum dense nigro-hirtis, antennarum basi, abdomine pedibusque rufotestaceis, tarsis obscuris; capite rugosulo-punctato; prothorace sat lato, antice angustato et utrinque leviter sinuato, punctis grossis ocellatis sat densis antice utrinque impresso; carinis lateralibus medio sinuatis, parum elevatis, sed basi acute productis et intus valde impressis; scutello quadrato, parcius punctato; elytris sutura et utrinque costis 3 concoloribus elevatis, interstitiis grosse punctato-rugosis, ♀ abdominis segmento 6° nigro, medio fortiter excavato.

Ressemble à la description du *M. corrosa* Reiche, mais bien plus petit, avec l'épistome, les mandibules et les palpes bruns, le corselet moins conique à ponctuation médiocrement serrée, grosse, ocellée, à carènes latérales très relevées à la base, les élytres fortement rugueuses, la ponctuation grosse et confondue dans les rugosités. Cette espèce est plus oblongue, plus parallèle que la suivante et les élytres sont à peine rebordées.

MELYRIS VRIDINITENS, Fairm.

Long. 7 1/2 mill.

Oblonga, subparallela, sat convexa, viridi-metallica, nitida, subtus cum pedibus rufo-flava, pectore viridi-æneo, fulvo-pubescente, antennis (basi excepta), palpis, labro unguibusque brunneis; capite ruguloso-punctato; prothorace conico-truncato, lateribus parum arcuatis, basi fere rectis, grosse haud profunde ocellato-punctato, punctis intus tenuiter dense rugosulis, sulco medio tenui, postice profundiore, carinis lateralibus acute elevatis, fere rectis, basi magis productis et intus fovea sat profunda comitatis; scutello transversim quadrato, punctato; elytris sutura et utrinque costis 3 elevatis, cyaneis, intervallis transversim rugosulis et fortiter seriatim punctatis;

subtus punctata, abdominis segmento penultimo late sinuato, ultimo longe nigro-villoso et sat fortiter biimpresso ♀.

Assez voisin du *M. festiva*, mais plus petit, les antennes brunes à l'extrémité, le corselet à peine sillonné, à ponctuation ocellée, à peine enfoncée, à carènes latérales presque droites, et la poitrine d'un vert un peu doré.

MELYRIS VERSICOLOR, Fairm.

Long. 9 mill.

Minus oblonga, sat convexa, viridi-metallica aut cyanescens, nitida, subtus rufo-flava, pectore viridi-aureo, fulvo-villoso, tarsis apice obscurioribus, ore et antennis (basi excepta) fuscis; capite rugoso-punctato, epistomate cupreo; prothorace elytris parum angustiore, antice angustato, lateribus leviter arcuatis, grosse haud profunde ocellato-punctato, punctis intus tenuiter dense rugosulis, sulco medio mediocri, carinis lateralibus sat acutis, parum arcuatis, basi magis elevatis et intus fovea sat profunda comitatis; scutello transversim quadrato, tenuiter dense punctato; elytris lateribus leviter arcuatis, sutura et utrinque costis 3 elevatis, fusco-violaceis, intervallis transversim rugosis et parum regulariter punctatis; subtus punctata, abdominis segmento 5° ♂ apice integro longe nigro-villoso, ♀ 5° apice fere bilobo, ultimo longe nigro-villoso.

Ressemble au *M. festiva* d'Abyssinie, en diffère par la forme plus élargie au milieu, le corselet bien moins large à la base, à angles postérieurs plus développés, à ponctuation ocellée, à carènes latérales non ondulées ; la poitrine d'un vert doré.

MELYRIS COLLARIS, Fairm.

Long. 7 1/2 à 8 mill.

Oblonga, modice convexa, modice nitida, cyanea, prothoracis lateribus rufis, aut prothorace rufo, medio tantum cyaneo, subtus cum pedibus rufa, metasterno lateribus plus minusve fusco-cœruleis, tibiis apice tarsisque infuscatis, antennis fuscis, basi rufis; capite brevi, dense punctato; prothorace breviore, antice minus angustato, lateribus arcuatis, fortiter sat dense punctato, punctis latera versus minoribus et densis, carinis lateralibus leviter arcuatis, basi magis laminatis et intus fovea comitatis ; scutello subquadrato, rugoso-punctato ; elytris sutura et utrinque costis 3 modice elevatis, concoloribus sed paulo obscurioribus, intervallis quadriseriatim punctatis et leviter rugosulis; subtus dense punctulata, abdominis segmento 5° truncato, ♀ 6° medio impresso, apice longe nigrosetoso.

La briéveté de la tête, la ponctuation simple, peu serrée et la forme plus courte du corselet distinguent nettement cette espèce.

MELYRIS DISCOIDALIS, Fairm.

Long. 6 1/2 à 7 mill.

Sequenti statura et colore valde affinis, sed paulo major,

latior, prothorace paulo latiore, antice minus angustato, angulis posticis fere obtuse rotundatis, dorso latius nigro-cyaneo, elytris latius marginatis, sutura et utrinque costis 3 acute elevatis, his apicem haud attingentibus externa paulo post medium abbreviata intervallis minus grosse punctatis, minus rugosulis; capite magis elongato, magis cyanescente, tarsis fuscis; ♀ abdominis segmento 6° nigro et nigro-setoso.

Cette espèce et la précédente sont remarquables par leur coloration et leurs élytres plus ovalaires, à bords latéraux élargis. Dans celle-ci la tache noire du corselet est parfois partagée en deux et la teinte bleue des élytres est très atténuée; en outre, les crochets des tarses sont très inégalement fendus.

MELYRIS RUBROCINCTA, Fairm.

Long. 9 mill.

Oblongo-ovata, viridis, nitida, prothorace capiteque potius cœruleis, minus nitidis, elytris sat late rubro marginatis; capite elongato, tenuiter dense rugosulo, ore antennisque fuscis, his basi rufis; prothorace triangulari, antice truncato, subtiliter dense rugosulo, sericante, carina laterali tenui,antice undulata, basi elevata, angulis posticis sat productis, medio sulcato scutello; truncato, dense punctato; elytris medio ampliatis, sutura et utrinque costis 3 elevatis, obscuris, intervallis fortiter granulatis, margine externo sat fortiter reflexo ; abdomine pedibusque testaceo-rufis, unguibus obscuris.

Voisin du *M. discoidalis*, mais plus grand, à corselet

plus petit, plus conique, les côtés presque droits, non arrondis à la base; les côtes des élytres sont plus saillantes.

MELYRIS INCOSTATA, Fairm.

Long. 6 1/2 mill.

Oblongo-elliptica, modice convexa, rufa, modice nitida, capite, prothoracis plaga dorsali oblonga, scutello basi et elytrorum plaga discoidali elongata, basi angustata, nigro-cyanescentibus, antennis apice, tarsis articulo ultimo et pectore lateribus late nigro-cyanescentibus; capite oblongo-ovato, dense tenuiter rugosulo, epistomate apice rufescente; prothorace elytris angustiore latitudine haud latiore, antice valde angustato, et utrinque leviter sinuato, margine postico medio sinuato, dorso tenuiter dense reticulato, basi utrinque linea angulata impresso; scutello late truncato; elytris grosse lineato-punctatis, sutura et utrinque intervallis 3 paulo magis elevatis, intervallis omnibus transversim rugosulis, apice separatim obtusis.

Ressemble beaucoup au *M. discoidalis* pour la forme et la coloration, mais s'en distingue nettement par l'absence de côtes saillantes sur les élytres; le corselet est plus étroit, les côtés plus sinués en avant, les élytres sont moins largement rebordées et le dernier article des tarses est seul noirâtre. Dans ces deux espèces les côtes externes du corselet sont peu saillantes et presque effacées au milieu.

TENEBRIONIDÆ.

SPYRATHUS AFRICANUS, Fairm.

Long. 7 à 8 mill.

Subglobosus, niger, parum nitidus ; capite subtiliter parce punctato, antice et lateribus fere rugoso, clypeo truncato, labro rufovilloso, brevi, distincto, mandibulis extus fortiter sulcatis, apice bidentatis ; antennis piceis, articulo ultimo præcedente sensim latiore ; prothorace antice valde angustato, lateribus leviter arcuatis, angulis anticis fere acutis posticis rectis, dorso subtiliter laxe punctulato; elytris minus nitidis, brevibus, medio ampliatis, lateribus rotundatis, inæqualibus, utrinque vage tricostatis, costis latis medio evanescentibus ; subtus nitidior, pectore longitudinaliter plicato, pedibus 4 posticis valde distantibus, anticis multo minus, anticis validis, compressis, tibiis extus fortiter bidentatis.

Cet insecte diffère du *S. indicus* par sa forme subglobuleuse qui le fait ressembler à un *Byrrhus*, le corselet est par conséquent rétréci en avant, la tête est plus petite, le chaperon moins fortement caréné, le labre visible et les élytres, plus arrondies, présentent de chaque côté les traces de 3 côtes à peine indiquées.

HOMŒONOTA, *n. g.*, Fairm.

L'insecte qui forme le type de ce nouveau genre se rapproche des *Rhytinota* dont il diffère par le corps plus allongé, moins convexe, rappelant les *Dailognatha* de la faune méditerranéenne orientale. L'épistome arqué en avant et muni au milieu d'une très petite dent inclinée en dessous, recouvre presque complètement les mandibules qui sont épaisses, fortement impressionnées en dehors et bidentées, et cachent tout à fait le labre. Les yeux sont presque plats, presque ronds, entiers. Les antennes courtes, épaisses, cylindriques, n'atteignent pas la base du corselet, le troisième article est de moitié plus long que le quatrième, le onzième est bien plus petit que le dixième. Le corselet est transversal, faiblement rétréci en avant. Les élytres sont ovalaires, non striées. Le prosternum est fortement arqué entre les hanches, mais se termine anguleusement; le mésosternum est creusé au milieu; la saillie intercoxale est assez large et presque tronquée; les tibias antérieurs s'élargissent faiblement vers l'extrémité et ne sont pas crénelés en dehors.

H. SUBOPACA, Fairm.

Long. 11 1/2 mill.

Oblonga, postice leviter ampliata, dorso planata, nigra, fere opaca; capite sat magno, subtilissime punctulato, utrinque sat fortiter carinato, antice parum arcuato et leviter marginato; prothorace transverso, lateribus leviter arcuatis, tenuiter carinatis, sed non sensim marginatis, angulis anticis obtuse rotundatis, posticis rectis, dorso impunctato, basi utrinque leviter marginato; scutello minuto; elytris basi tenuiter marginatis, prothorace haud latioribus, sed medio leviter ampliatis dorso, haud punctatis, sutura depressiuscula; subtus cum pedibus paulo nitidior, impunctata, capite subtus late ac profunde encavato.

RHYTINOTA SUBCORDICOLLIS, Fairm.

Long. 19 mill.

Oblongo-elongata, nigra, sat nitida; capite subtilissime punctulato, summo puncto oblongo impresso; prothorace transverso, lateribus medio fere angulatim rotundato-ampliatis, postice sinuatis, angulis posticis obtuse rectis, anticis valde obtusatis, dorso lævi, medio bipunctato; elytris oblongo-ovatis, basi prothorace latioribus, transversim plicatis, plica ad humeros dentiformi, apice obtuse acuminatis, sutura vix depressa, subtilissime coriacea; subtus nitidior, prosterno apice foveato et recte angulato.

Ressemble beaucoup au *D. acuticollis* Fairm., du Zanguebar, en diffère par le corps moins convexe, plus plane en dessus, plus atténué en arrière et surtout par le corselet presque anguleusement arrondi sur les côtés qui sont sinués en arrière, mais sans angles saillants, les élytres sont plus amples, plus larges et plus rebordées à la base et le prosternum est sillonné avec une fossette à l'extrémité.

OXYCARA ZOPHOSINA, Fairm.

Long. 10 mill.

Ovata, sat convexa, sed dorso planiuscula, nigra, parum nitida, subsericans, tarsis palpisque fusco-piceis ; capite convexiusculo, dense tenuissime punctato, utrinque sulco longitudinali profunde signato ; antennis breviusculis, basin prothoracis paulo superantibus, articulo ultimo minore, pallido ; prothorace brevi, transverso, antice valde angustato, lateribus leviter arcuatis, anguste marginatis, margine postico utrinque late leviter sinuato, angulis fere rectis, dorso lævi, medio obsolete triimpresso ; elytris breviter ovatis, medio leviter ampliatis, apice obtusis, obsolete subsulcatis ; subtus nitidior, prosterno inter coxas profunde sulcato, mesosterno horizontali, sat magno, ovato, medio depresso, lateribus elevatis ; processu intercoxali ogivali, abdominis segmento 5° brevi.

Dans cette espèce le prosternum touche simplement le mésosternum sans le pénétrer ; les côtés du prosternum ne sont ni rugueux ni striolés longitudinalement. Cet insecte diffère des *O. hegeteroides* et *pedinoides* par son aspect soyeux, un peu mat, le manque de ponctuation et les élytres indistinctement sillonnées.

OXYCARA AMPLIPENNIS, Fairm.

Long. 12 mill.

Sat breviter ovata, medio ampliata, modice convexa, parum nitida ; capite sat lato, subtilissime punctato, margine antico obtuse angulato; prothorace brevi, lato, longitudine triplo latiore, antice angustato, lateribus leviter arcuatis, angulis anticis productis, acutis, elytris amplis, lateribus arcuatis, dorsò planiusculis, obsolete costulatis ; subtus nitidior.

Plus large et plus grand que le précédent, avec le corselet plus large, plus rétréci en avant, moins arrondi sur les côtés et les élytres plus longues, plus amples et proportionnellement moins larges.

OXYCARA TRAPEZICOLLIS, Fairm.

Long. 10 mill.

Brevissime ovata, convexiuscula, parum nitida; capite sat lato, subtilissime punctato, margine antico leviter arcuato ; prothorace brevi, longitudine plus duplo latiore, antice angustato, lateribus fere rectis, angulis anticis productis, acutis, posticis sat acutis ; elytris brevibus, medio ampliatis, latitudine media vix longioribus, obsolete costulatis, subtus nitidior.

Bien distinct par sa forme large et courte, son corselet trapézoïdal à côtés presque droits, avec les angles antérieurs pointus ; les angles postérieurs sont aussi plus acuminés en arrière.

RHYTINOTA DELICATULA, Fairm.

Long. 9 mill.

Elongata, gracilis, nigra, nitida, vage subæneseens; capite tenuiter densissime punctato, antice utrinque sat fortiter impresso, margine antico medio dente decumbente armato, gula subtus fortiter transversim sulcata; antennis validis, cylindricis, medium prothoracis paulo superantibus; prothorace breviter ovato, postice vix angustiore, lateribus arcuatis, angulis anticis obtusissimis, basi anguste marginata; scutello punctiformi; elytris sat brevibus, oblongo-ovatis, apice subproductis, obtusis, basi tenuiter plicatis, ad suturam depressiusculis, obsolete seriatim punctulatis; subtus æque nitida, pedibus paulo piceo-fuscis, femoribus leviter clavatis.

Ressemble beaucoup au *R. gracillima* Ancey, de Zanguebar, mais bien plus petit avec le corselet plus rétréci en arrière, les élytres plus courtes, moins convexes, déprimées sur la suture, les fémurs claviformes et le dessous de la tête moins fortement et moins largement impressionné.

THRIPTERA STRIATOGRANOSA, Fairm.

Long. 19 mill.

Oblongo-ovata, antice attenuata, dorso parum convexa, nigra, subopaca, pilis fulvescentibus basi fuscis longe sat dense hispida; capite tenuiter asperulo, antice paulo densius, margine antico late sinuato, labro fusco-brunneo, late sinuato, antice et lateribus sat punctato; antennis gracilibus, articulo 10° latitudine vix longiore, 11° minuto, articulis 4-8 elongatis; prothorace elytris valde angustiore, lateribus parum rotundato, sat tenuiter parum dense et æqualiter granulato; elytris ovatis, striatis, striis numerosis, sat latis sed parum impressis, intervallis regulariter convexiusculis, granulatis et transversim plicatulis, parte laterali sat regulariter plicato-granulata, haud villosa; subtus sat tenuiter laxe granulata, brevius fusco-pilosa, pedibus fortiter ac dense granulato-asperatis, fusco-villosis.

Ressemble au *T. Varvasi* Sol., mais plus grand, plus ovalaire, les élytres plus longues, moins convexes, à stries plus nettes, avec les intervalles régulièrement un peu convexes, n'ayant qu'une série de granulations ; le corselet est aussi bien moins arrondi sur les côtés.

PIMELIA CENCHRONOTA, Fairm.

Long. 18 à 24 mill.

Breviter ovata, crassa, supra planata nigra, indumento fulvo-lutescente vestita, elytris tenuiter griseo indutis; capite sat tenuiter ruguloso-punctato, labro grosse punctato; antennis basin prothoracis paulo superantibus, articulis apice obscurioribus, articulis 2 ultimis piceis, ultimo acuminato ; prothorace longitudine plus duplo latiore, antice paulo angustiore, lateribus rotundatis, granulis nigris sat dense obsito ; elytris amplis, lateribus rotundatis, postice fortiter declivibus, apice obtusis, sat dense nigro-granulatis, sutura et utrinque lineis 3 dense regulariter granulatis, costa externa paulo magis elevata, similiter granulata, parte epipleurali minus dense granulata; corpore subtus pedibusque nigro-granatis; ♂ minor, magis convexa, elytris minus amplis, magis convexis.

Espèce remarquable par sa forme et qu'il est difficile de rattacher aux espèces connues ; je crois que c'est la *P. valida* Er. qui offre le plus d'analogie avec elle, mais qui en diffère sensiblement par la forme du corselet et la sculpture des élytres. Les pattes postérieures sont bien quadriangulaires et concaves par leur partie externe et les tarses sont simples. L'enduit qui la recouvre n'est peut-être que terreux.

PSAMMODES GRACILENTUS, Fairm.

Long. 9 à 13 mill.

Oblongus, magis elongatus, niger, obscurus, prothorace elytrisque sat dense lutescenti-pubescentibus, costis denudatis; capite punctato, antennis piceis, gracilibus, prothorace parvo, postice vix sensim angustiore, tenuiter densissime ruguloso-punctato, linea longitudinali lævi impressa, lateribus vix marginatis; elytris oblongo-ovatis, prothorace duplo latioribus, fere lævigatis utrinque costis 3 latis, parum elevatis, medio longitudinaliter obsolete impressis, intervallis dense pubescentibus, costa externa rotundata nulla; subtus fusco-brunneus, nitidus fere lævis, pedibus punctato-rugosis, tarsis elongatis.

Cette espèce ressemble extrêmement au *P. abyssinicus*, mais elle en diffère pourtant notablement par la forme plus allongée, les antennes plus grêles, le corselet non marginé, les élytres à côtes presque partagées en deux par ue faible sillon longitudinal, sans côte marginale et par les tarses grêles allongés. Le corselet est proportionnellement bien plus étroit.

MELANOLOPHUS, *n. g.*, Fairm.

Genre bien voisin des *Distretus*, en diffère par les

élytres très convexes, à plusieurs côtes, le corselet à angles postérieurs obtus, mais distincts, l'écusson large, marqué de fossettes rondes, mais non irrégulièrement échancré, avec le milieu un peu saillant ; se distingue des *Dichtha* par les élytres convexes multicarénées, les pattes égales, plus grandes et plus robustes, les fémurs antérieurs pas plus épais que les autres; les antennes sont assez grêles, à 3e article presque deux fois aussi long que le 4e, les 2 derniers articles sont plus petits et le dernier est tronqué un peu obliquement, le bord antérieur du prosternum est un peu moins saillant. Les yeux sont peu convexes, assez grands, transversaux, un peu réniformes.

M. SEPTEMCOSTATUS, Fairm.

Long. 21 mill.

Ovatus, postice ampliatus, valde crassus et convexus, fusco-niger, sat nitidus, antennis pedibusque ferrugineo-villosis, his densius; capite summo grosse punctato, inter antennas transversim impresso, antice rarius punctato, et sat longe sat dense fulvo-villoso ; antennis sat gracilibus, basin prothoracis paulo superantibus, articulo 3° quarto quintoque conjunctis fere æquali, articulis 10° 11° que præcedentibus multo brevioribus, ultimo fere transversim truncato; prothorace parvo, elytris plus dimidio angustioribus, lateribus valde rotundato, angulis posticis obtusis, anticis subrectis, punctis grossis rotundatis foveiformibus impresso, subcarioso ; elytris brevibus, globoso-ovatis, sutura et utrinque costis 3 valde carinatis, carinis omnibus ante apicem abbreviatis, intervallis fere planis, vix sensim concaviusculis, tenuissime sparsim granulatis, margine externo etiam carinato; prosterno medio carioso-punctato, apice fere truncato-declivi, mesosterno lato, brevi, truncato, utrinque rugoso-punctato, abdomine dense sat tenuiter punctato, basi oblique striatulo, segmentis 1° apice, 2° medio toto, 3° que basi dense breviter rufo-villosis, femoribus ferrugineo-pilosis.

BRACHYPHRYNUS, *n. g.*, Fairm.

Ce nouveau genre se rapproche beaucoup des *Phrynocolus*, mais la forme est plus massive, le corps est plus uni, sans saillies marquées sur le corselet et les élytres ; les yeux sont à peine convexes, transversaux, un peu réniformes; les antennes sont fort différentes, courtes, n'atteignant pas la base du corselet, épaisses, cylindriques, à articles presque égaux, le 3e un peu plus long, le dernier très petit; le prosternum forme une mentonnière un peu relevée, il est large entre les hanches, puis brusquement tronqué et angulé de chaque côté, le mésosternum est large, un peu échancré, avec les côtés un peu relevés entre les hanches; le 4e segment abdominal est aussi très court; le corselet est éloigné des élytres, très convexe, un peu angulé, mais sans saillies; l'écusson est convexe au milieu; les élytres sont pourvues d'un repli épipleural bien marqué et bien limité jusqu'à l'extrémité ; les pattes sont robustes, assez grandes, surtout les antérieures dont les fémurs sont plus épais ; les tarses sont cylindriques, épais, les articles intermédiaires sont plus larges que longs.

B. SPISSICORNIS, Fairm.

Long. 21 mill.

Ovatus, crassus, supra paulo planatus, niger, subopacus, indumento terreo in depressionibus repletus, pedibus dense luteo-squamoso-pubescentibus; capite punctis grossis, vix profundis, reticulato-impresso, antice transversim impresso; antennis robustis, brevibus, basin prothoracis haud attingentibus, articulo ultimo minuto; prothorace subgloboso, lateribus antice angulatis rotundatis, dorso impressiusculo et punctis magnis parum profundis sparsuto, utrinque antice obtusissime unituberoso; elytris ovatis, antice apice que similiter angustatis, dorso leviter planatis, transversim plicatulis, plicis ad lateribus et postice interruptis, granulatis, denudatis, sutura vix elevata, utrinque linea elevata fere medio sita, post medium abbreviata, paulo granulata, margine externo haud carinato, sed crenato-elevato, parte reflexa valde plicatula; subtus dense luteo-squamoso-pubescens, abdomine plus minusve denudato, prosterno lato, medio paulo angustato et leviter concavo, apice truncato-emarginato, angulis sat productis, mesosterno lato, truncato, utrinque leviter tuberoso; tarsis brevibus, crassis, articulis intermediis brevissimis.

SEPIDIUM CRASSICAUDATUM.

Gestro, Annal. Mus. St. Nat., Genova, 1878, 320.

Long. 23 mill.

Nigrum, pube densa cretacea vestitum; prothorace

medio longitudinaliter carinato, callo antico valido profunde bilobato, dentibus lateralibus obtusis; elytris reticulatis, singulo tuberculo marginali-postico longo, crasso, apice obtuso, extrorsum oblique producto, carinisque duabus longitudinalibus granulatis, quarum prima leviter flexuosa tertium posticum tantum attingit.

Ce bel insecte, le plus gros du genre, a été trouvé primitivement dans le désert des Somalis-Isa.

SEPIDIUM OBTUSANGULUM, Fairm.

Long. 21 mill.

Ovato-oblongum, indumento griseo lutescente dense vestitum, elytris dorso nigro-reticulatis ; prothorace lobo antico oblique elevato, obtuso, trisulcato, apice et antice inæquali, dense pubescente signato, dorso carinatim compresso, angulis lateribus obtuse rotundatis ; elytris costa discoidali angulatim undulata, sat denudata, breviore externa longiore, dense crenata, apice obtusa, linea laterali dense granulata et paulo elevata; undique tenuiter nigrogranulatis, in costis densius, intervallis inæqualibus plicatulis; subtus cum pedibus uniforme ; antennis paulo obscurioribus, articulis 2 ultimis fusco-nigris.

Voisin du *S. cristatum* Fab., d'Arabie, mais bien distinct par les angles du corselet très courts et obtus, les élytres à fines granulations noires, à côtes ondulées, crénelées, l'externe obtuse à l'extrémité, sans saillie, et par le dessous du corps uniforme, sans taches noires.

SEPIDIUM VILLOSULUM, Fairm.

Long. 16 mill.

Oblongo-elongatum, convexum, indumento griseo-lutescente dense vestitum, setis sat longis alternatim congestis hirsutum; capite breviter squamoso, antice impresso, labro, mandibulis palporumque apice nigris, labro antice dense rufo-sericeo-villoso; antennis sat crassis, basin prothoracis attingentibus, articulis 4-9 subquadratis, 10° 11° que nigris, parvis, ultimo præcedente parum angustiore; prothorace lateribus dilatato et obtuse late dentato, cribrato, antice lobo brevi subquadrato, apice vix latiore et medio parum sinuato munito; elytris fere ellipticis, margine externo et linea discoidali parum elevatis, sed penicillatis, intervallis ad penicillos transversim elevatis et leviter ramosis, parte laterali grosse punctata.

Cette espèce semble faire le passage des *Sepidium* aux *Vieta*, car les deux derniers articles des antennes sont petits, le 11e plus étroit que le 10e mais distinct. La vestiture est formée de soies hérissées, éparses sur le corselet qui n'est pas relevé au milieu, réunies par touffes sur les élytres avec une teinte un peu plus foncée. Ressemble au *Vieta senegalensis*, mais, outre la différence des antennes, le lobe antérieur du corselet est plus saillant, plus relevé, plus sinué au sommet; les côtés du corselet sont plus dilatés au milieu, la sculpture des élytres est presque identique.

SEPIDIUM APICICORNE, Fairm.

Long. 13 mill.

Elongatum, ellipticum, lateribus compressum, nigrum, indumento lutescente dense vestitum, antennarum articulis 2 ultimis nigris, prothorace utrinque fusculo plagiato, elytris fusculo reticulatis; capite plano, antice setoso, labro nigro; antennis sat gracilibus, haud villosis, articulis 10° 11° que æqualibus, præcedentibus paulo brevioribus; prothorace lateribus compresso et obtusissime angulato, antice tuberculis 2 parvis subtransversis munito et abrupte truncato; elytris basi attenuatis, humeris nullis, parum regulariter ac late clathratis, intervallis paulo concavis, cristulis tenuiter ac parce nigro-granulatis, cristulis utrinque 2 basalibus paulo magis elevatis, sat fortiter nigro-granatis, parte laterali haud clathrata, nec foveolata.

Ce *Sepidium* est d'une forme assez singulière, comprimé latéralement avec le corselet tronqué, surmonté de 2 tubercules, obtus, assez petits et les élytres réticulées sans saillies postérieures.

SEPIDIUM CYLINDRIGERUM, Fairm.

Long. 15 à 17 mill.

Elongatum, elytris ellipticis, fuscum, indumento griseo-luteo dense vestitum; capite inter oculos leviter concavo, oculis parvis, verticalibus, antennis apice attenuatis, articulo 3° crassiore, tribus sequentibus conjunctis æquali, ultimis 2 ceteris multo brevioribus, 11° acuminato; prothorace latitudine haud breviore, lateribus ante basin leviter sinuato, antice cylindrico-producto, crasso, apice rotundato-obtuso, margine laterali medio leviter angulato et antice obliquato; elytris oblongo-ellipticis, convexis, utrinque tricostatis, costa 1ª valde pluri-angulata, 2ª basi magis regulari, apice longius producta et angulata, cum præcedente transversim clathrata, externa subregulari, apice interrupta, nigro-granulata, intervallis omnibus grosse punctatis, sparsim nigro-granulatis, costa 1ª basi arcuata et magis elevata; prosterno inter coxas fere bilobo, lato, mesosterno lato, truncato, medio late impresso, metasterno ab abdomine vix distincte separato, segmento 4° ceteris sensim breviore.

Ressemble au *Vieta Desfossei* mais bien distinct par le prolongement prothoracique beaucoup plus long, les angles latéraux du corselet à peine prononcés, les élytres à côtes réticulées plus obliques et à points bien moins profonds et bien moins nombreux. En outre les antennes composées de onze articles forcent de ranger cet insecte parmi les *Sepidium*, mais elles sont plus grêles que chez la plupart de ces derniers, et le onzième article est plus petit que le dixième, très pointu.

VIETA TUBEROSA, Fairm.

Long. 15 mill.

Elongata, lateribus parum compressa, convexa, indumento terreno dense obtecta, et setulis brevissimis obscuris sat dense hispidula; antennis crassis, brevibus, basin prothoracis vix attingentibus, setosulis, articulo ultimo fusco ; prothorace lateribus obtuse angulato-dilatato; modice convexo, antice tuberculo rotundo, magno, antice medio sulcato, dorso parum convexo inæquali, breviter spongioso, setoso-asperato, medio obsolete infuscato; postice medio subelevato ; elytris elongatis, fere ellipticis, lineis elevatis, irregulariter et angulatim clathratis, costis 2 ordinariis vix distinctis, pedibus brevibus, crassis, femoribus intermediis medium elytrorum haud attingentibus, posticis vix superantibus; abdominis segmento 5° breviore.

Ressemble assez au *V. tuberculata* d'Abyssinie, mais plus grand, moins parallèle, moins comprimé, la tubérosité du corselet plus courte, plus large, les élytres plus elliptiques, à côtes interrompues, réticulées, peu saillantes; les pattes sont bien plus courtes et plus épaisses que chez les autres espèces.

HELOPINUS MINOR, Fairm.

Long. 5 1/2 mill.

Oblongo-ovatus, valde convexus, nitidus, rufopiceus (immaturus); capite dense sat fortiter impresso, antice arcuatim impresso ; prothorace subquadrato, antice haud angustiore, lateribus parum arcuatis, subtiliter marginatis, dorso dense punctato-strigoso; scutello brevi, dense punctato ; elytris oblongis, fortiter lineato-punctatis, rugosulis, intervallis alternatim costulatis, costis usque ad apicem prolongatis; subtus sat fortiter sat dense punctatus, prosterni lateribus fortiter strigosis ; pedibus simplicibus ♀.

Ressemble beaucoup à l'*H. elegans* Baudi, d'Assab,

en diffère par la tête présentant au devant des yeux un sillon arqué au lieu d'une impression transversale, le corselet plus échancré au bord antérieur, moins ponctué et plus striolé, moins fortement arrondi aux angles postérieurs, les élytres ayant des stries ponctuées plus nettes et les intervalles relevés bien moins saillants; l'abdomen est plus fortement ponctué; les pattes sont simples et les tibias postérieurs légèrement arqués ♀.

Bien que Lacordaire ait indiqué comme caractère de ce genre l'absence d'un rebord latéral, il me semble que notre insecte, qui a un rebord marginal distinct quoique faiblement marqué, doit se ranger dans cette coupe générique comme l'*H. elegans* de M. Baudi. Ce dernier a déjà fait remarquer que l'insecte de Lacordaire pourrait bien ne pas se rapporter à l'espèce de Solier.

L'*H. psalidiformis* Ancey, d'Aden, doit être bien voisin de la nouvelle espèce ; mais il a les élytres moins fortement ponctuées avec des intervalles relevés qui s'effacent en arrière.

MICRANTEREUS SINUATIPES, Fairm.

Long. 18 mill.

Oblongo-ovatus, valde convexus, niger, nitidus, capite prothoraceque sericeo-subopacis; capite subtiliter densissime punctulato, summo convexo, antice leviter arcuatim sulcato; antennis sat elongatis, medium corporis attingentibus; prothorace transverso, lateribus rotundato, antice parum angustiore, subtilissime densissime punctulato; elytris ovatis, medio ampliatis, sutura sat elevata, utrinque costulis tribus angustis, leviter sinuosis aut interruptis, externa magis regulari, intervallo 1° leviter plicatulo, parce punctato, 2° 3° que minus punctatis, granis plus minusve oblongis, sat dense obsitis, parte laterali paulo concava, punctata, ad carinam superiorem rugosa ; subtus sat tenuiter densissime punctatus, metasterno apice fulvopubescente, pedibus sat magnis tibiis anticis intus ante apicem sinuatis, intermediis basi intus fortiter sinuatis, femoribus posticis intus medio late sinuatis et basi densius pilosis, femoribus haud clavatis, sat validis intermediis apice intus dente valido armatis.

Ressemble un peu au *nodulosus* pour la forme générale, mais avec le corselet bien moins arrondi latéralement, et distinct de ses congénères par les côtes un peu interrompues des élytres avec les intervalles granuleux.

MICRANTEREUS RECTICOSTATUS, Fairm.

Long. 19 mill.

Præcedenti forma simillimus, niger, nitidus, capite prothoraceque opaco-sericeis; capite subtiliter dense punctulato, sutura clypeali medio fere recta utrinque obliqua; prothorace antice paulo angustato, lateribus arcuatis, margine postico ad scutellum et utrinque leviter sinuato, dorso impunctato, angulis anticis sat acutis, posticis acute rectis; elytris ovatis, medio ampliatis, sutura et utrinque costis 3 sat elevatis, 2° ceteris breviore, intervallis leviter cicatricosis, paulo inæqualibus et laxe punctulatis; subtus nitidus, strigosulus, lateribus pectoris lævibus, pedibus rugoso-punctatis.

Distinct des espèces voisines par les côtes des élytres régulières et droites ; les pattes sont simples ; mais l'unique individu est sans doute une ♀.

PRAOGENA CRIBRICOLLIS, Fairm.

Long. 14 mill.

Elongata, sat convexa, fusca, capite prothoraceque vix nitidis, elytris cyaneo-subvirescentibus, nitidis, rufo sat late limbatis, abdomine rufo-castaneo, nitido ; capite sat dense punctato, antennis fuscis, medium corporis attingentibus; prothorace parvo transverso, lateribus cum angulis anticis rotundatis, dorso dense punctato, margine postico utrinque foveolato; scutello triangulari, rufo, fere lævi ; elytris prothorace fere duplo latioribus subparallelis, fortiter punctato-striatis, striis extus profundioribus, punctis apice obsoletis intervallis convexis ; subtus fere lævis, pedibus valde punctatis, fuscis.

Voisin des *P. cinctella* et *marginata*, en diffère par le corselet densément ponctué, arrondi sur les côtés en avant, par les élytres fortement striées, presque crénelées à la base, moins convexes longitudinalement, à bordure d'un rouge moins vif, presque effacée à la base, et par l'abdomen d'un roux marron.

PRAOGENA CYANEOCASTANEA, Fairm.

Long. 14 mill.

Elongata, convexa, nitidissima cærulea, elytris rufocastaneis; capite convexo, tenuiter laxe punctato, inter antennas transversim sulcato et antice dense punctato; antennis fuscis, validiusculis, medium corpore fere superantibus; prothorace elytris fere dimidio angustiore, transverso, subquadrato, lateribus antice arcuatis, dorso sat punctulato; scutello ogivali, cyaneo, lævi; elytris subparallelis, apice obtusis, sat fortiter crenato-striatis, punctis post medium obsoletis, sed striis apice et ad latera profundioribus, intervallis vix convexis, fere lævibus; mesosterno medio et metasterni apice rufis, pectore lateribus punctato, abdomine lateribus tenuiter strigosulo.

Voisin du *P. rubripennis*, Mækl., de Natal, en diffère par le dessous du corps de même couleur que le corselet, sauf le milieu du mésosternum, par le corselet à ponctuation égale, médiocre, par l'écusson lisse, bleu et par les élytres sans teinte bronzée, à stries fortement crénelées à la base.

CANTHARIDÆ.

MYLABRIS ARGYROSTICTA, Fairm.

Long. 14 mill.

Convexa, fusco-nigra, parum nitida, elytris macula

magna basali rotunda maculaque minuta subhumerali, vittisque 2 transversis, prima paulo ante medium, secunda post medium flavis, antennis flavis, articulis 2 primis paulo infuscatis, supra nigro-villosa, elytris (maculis vittisque flavis exceptis) maculis minutis albido-sericeis fere argenteis irroratis; capite sat fortiter sat dense punctato, inter oculos transversim leviter biimpresso; antennis basin prothoracis haud superantibus, articulis sex ultimis majoribus, crassatis, ultimo paulo longiore valde acuminato; prothorace antice tantum angustato, sat fortiter sat dense punctato, antice utrinque vix sensim impresso, dorso medio antice obsolete carinulato et medio foveola minuta signato; scutello truncato, punctato; elytris subparallelis, apice rotundatis, dense punctatis, partibus nigris densius ac tenuius punctatis; subtus albido-pubescens, unguibus fulvis.

La vestiture des élytres rappelle celle de plusieurs *Coryna*, mais les antennes ont bien onze articles.

DIAPHOROCERA SEMIRUFA, Fairm.

Long. 10 à 11 mill.

Oblonga, crassa, nitida, rufo-testacea, elytris viridi-metallicis, tenuiter griseo-setosulis, lateribus cyanescentibus, capite et metasterno nigro-æneis, ore rufo, prothorace antice nigro-signato, antennis medio fuscis, tarsis paulo obscurioribus; capite sat fortiter sat dense punctato, inter oculos convexo polito; prothorace medio capite haud angustiore, latitudine valde longiore, antice angustato, fortiter sat dense punctato, sulco medio tenui basi impresso, antice basi impresso, antice obliterato, utrinque antice fovea obliqua lævi profunde, et basi utrinque spatio lævi signato; scutello late triangulari apice rotundo, dense punctulato; elytris postice parum attenuatis, apice separatim rotundatis, dense sat tenuiter punctato-rugosulis, sutura et utrinque lineis 2 parum elevatis; subtus nitidior griseo-pubescens, abdomine apice infuscato, pedibus sat validis; ♂ antennis articulo 1° oblongo, compresso, 2° in emarginatione primi incluso minuto, 3° minuto, 4° brevissimo, 5° transversim obliquato intus dentato, 7° 8° que brevibus, transversis, intus productis, hoc subtus concavo et piloso, 9° majore, conchiformi, 10° sat brevi, basi constricto, ultimo oblongo compresso, cultriformi; ♀ paulo minor, capite magis cyaneo, antennis simplicibus, compressis, apice latioribus, fusco-nigris, articulo ultimo apice rufo, longiore, impresso.

Ce curieux insecte rentre dans le genre *Diaphorocera* Heyden, qui est propre à l'Afrique septentrionale et qui ne compte encore qu'un petit nombre de représentants en Egypte et dans le Sud de l'Algérie.

Le labre et les mandibules forment aussi une espèce de rostre, et l'épistome est presque caréné longitudinalement; notre insecte a un facies plus robuste que les autres espèces et la coloration est un peu différente.

CANTHARIS EXCLAMANS, Fairm.

Long. 11 mill.

Elongata, parallela, convexa, nigra, densissime griseo-vestita, elytris utrinque lineis 2 angustis et puncto anteapicali nigris, antennis tarsisque fere denudatis; capite convexo, prothorace vix latiore, oculis minutis, antennis corporis medium attingentibus, leviter compressis ; prothorace longitudine vix latiore, antice tantum angustato, angulis posticis extus productis; elytris prothorace paulo latioribus, apice breviter dehiscentibus et separatim rotundatis; tarsis 2 anterioribus articulo, 1° longiore et dilatato, 2 posterioribus longiore et compresso.

Cette Cantharide est remarquable par sa coloration qui rappelle celle de quelques espèces de la Plata.

CANTHARIS PECTORALIS, Fairm.

Long. 11 à 23 mill.

Elongata, parallela, convexa, supra cyanescenti-nigra, nitida, elytrorum margine externo anguste cyaneo, subtus magis cærulea, nitidior, macula magna metasterni rufa; capite postice dense punctato, inter antennas arcuatim sulcato, labro cærulescente, apice late sinuato, fortiter punctato basi excepta ; antennis corporis medium superantibus, apice compressis; prothorace capite angustiore, antice paulo angustato, fortiter punctato, profunde sulcato, sulco antice evanescente ; scutello minuto; elytris utrinque tricostatis, intervallis rugosis, punctatis, interdum longitudinaliter ac irregulariter subcostatis, apice separatim rotundatis; pedibus parum validis, compressis, unguibus rufis; ♂ minor, prothorace angustiore, antennis apice paulo latioribus.

Cette belle espèce, qui varie beaucoup de taille suivant les sexes, présente une sculpture rugueuse analogue à celle de l'*Eletica rufa* ♂ ; elle se rapproche de la *C. atrocœrulea* Har., du lac Nyassa, dont elle offre la coloration, y compris la tache pectorale, mais le corselet est plus long et les élytres sont bien autrement rugueuses.

CANTHARIS TESTACEIPES, Fairm.

Long. 9 mill.

Viridi-metallica, parce luteo-pubescens, supra interdum vage cærulescens, pedibus testaceis, genubus, tarsis omnibus tibiisque 2 anticis infuscatis, palpis antennisque fuscis, his basi infuscatis; capite triangulari, sat convexo, parce sat fortiter punctato, inter antennas bilobo, epistomate cærulescenti-nigro, depresso, labro sat magno, similiter colorato, late impresso, apice sinuato; antennis medium corporis attingentibus, crassiusculis, apicem versus paulo attenuatis, articulo 1° tertio subæquali, 2° brevissimo; prothorace capite sensim angustiore, latitudine dimidio longiore, antice angustato, parce sat fortiter punctato, medio linea longitudinali abbreviata signato, medio baseos foveolato, antice utrinque transversim depresso; scutello truncato, tenuiter punctulato; elytris prothorace fere duplo latioribus, parallelis, apice rotundatis, densissime tenuiter punctato-rugulosis, haud costulatis; subtus longius pubescens.

Se rapproche de la *C. chalybea* Er., d'Angola, mais la coloration est différente, le corselet est moins long, moins rétréci en avant.

LYDOMORPHUS *n. g.*, Fairm.

L'insecte qui sert de type à ce nouveau genre, diffère

des *Lydus* et des *Cantharis* par les yeux très gros et rapprochés sur le front; il s'éloigne en outre des premiers par la division supérieure du crochet des tarses non pectinée, et des secondes par le premier article des tarses postérieurs comprimé. Le labre est grand, presque bilobé, formant un museau avec l'épistome; les yeux sont assez rapprochés en dessous; le corselet est étroit, très atténué en avant; les antennes sont assez longues, assez grêles; le dernier article des palpes maxillaires est oblong, un peu élargi et obtus à l'extrémité; les éperons des tibias sont très courts.

L. CINNAMOMEUS, Fairm.

Long. 11 à 15 mill.

Elongatus, parallelus, convexus, supra fulvo-cinnamomeus, vix nitidus, sutura et capite interdum infuscatis, subtus cum pedibus nigro-fuscus, epistomate rufo, ore antennisque fuscis; capite punctato, antice transversim impresso, inter antennas nigro, labro fere bilobo, medio sulcato; antennis medium corporis longe superantibus, articulis 6-7 brevibus, æqualibus, ceteris elongatis; prothorace oblongo, latitudine dimidio longiore, antice angustato, postice fere parallelo, parum dense punctato, sulco medio antice obsoleto; elytris prothorace fere duplo latioribus, apice obtuse rotundatis, subtiliter dense punctato-rugulosis; subtus subtiliter dense punctulatus.

Ressemble un peu à un *Ænas crassicornis* allongé, à corselet oblong et à antennes filiformes.

CURCULIONIDÆ.

SYSTATES MONILIATUS, Fairm.

Long. 11 mill.

Ovatus parum convexus, brunneo-fuscus, vix nitidus, elytris maculis minutis cinereo-pubescentibus sparsis; capite subtiliter punctulato, inter oculos fere rugoso et breviter sulcato, rostro lateribus et medio sat acute carinato, et utrinque carinula breviore obliqua signato; antennis gracilibus, scapo apice crassato, funiculi articulo 1° secundo valde longiore, 2° tertio longiore; prothorace parvo, antice tantum angustato, lateribus postice levissime sinuatis, dense granulato, medio tenuissime carinulato, utrinque vage cinereo-vittato; elytris ovatis, amplis, late striatis, striis fundo tenuiter granulatis et punctatis, intervallis convexis, transversim levissime plicatulis; subtus cum pedibus nitidior, metasterno impresso, abdomine punctato, segmentis 2°, 3° 4° que apice truncatis, rufis.

Ressemble au *S. pollinosus* Gerst., de Zanzibar, en diffère par le corselet non arrondi sur les côtés qui sont presque droits et légèrement sinués à la base avec les angles pointus et par les élytres moins oblongues, à stries finement granulées, non ponctuées.

MOLYBDOTUS *n. g.*, Fairm.

Ce nouveau genre est très voisin des *Thylacites* par ses vibrisses, les corbeilles ouvertes, les hanches antérieures contiguës, le dernier article du funicule contigu à la massue; il en diffère par le rostre un peu plus long, plus carré, les antennes plus robustes, le corselet rebordé à la base, plus distant des élytres, l'écusson à peu près nul, les élytres fortement rebordées à la base, ce qui forme une petite dent aux épaules, les corbeilles des tibias postérieurs plus largement ouvertes et les crochets des tarses soudés à la base. La vestiture est la même.

M. LAXEPUNCTATUS, Fairm.

Long. 10 à 15 mill.

Oblongo-ovatus, crassus, valde convexus, nigro-fuscus, squamulis plumbeo-carneis dense vestitus ; rostro parallelo profunde ac late sulcato, utrinque ante oculos longitudinaliter ac leviter impresso, punctato, antennis validiusculis, scapo oculos fere superante ; prothorace elytris angustiore, longitudine dimidio latiore, grosse punctato, lateribus rugosis, dorso læviore, stria longitudinali sat tenui, margine postico stria transversali comitato, antice sulco transverso sat profundo, medio interrupto impresso; scutello nullo; elytris ovatis, postice leviter ampliatis, apice obtuse acuminatis, basi transversim fortiter plicatis, plica extus angulata, punctato-striatis, striis modice profundis, punctis grossis, sat distantibus, intervallis fere planatis, tenuissime dense reticulatis; pedibus sat validis, tibiis intus tenuiter spinosulis, anticis apice leviter arcuatis.

Cet insecte a le facies d'un *Thylacites* court et la vestiture a beaucoup de ressemblance avec celle du *T. turbatus*.

POLYCLÆIS OCTOPLAGIATUS, Fairm.

Long. ♂ 19, ♀ 16 mill.

Oblongo-ellipticus, convexus, sat nitidus, nigro-fuscus, pube griseo-plumbea tenui dense vestitus, prothorace lateribus et elytris utrinque maculis 4 flavis (1ª marginali subhumerali, 2ª media oblonga juxta-suturali, 3ª ovata marginali post medium, 4ª ovato-trigona anteapicali); rostro medio breviter sulcato; prothorace elytris angustiore, sat brevi, antice angustato, lateribus vix arcuatis, postice haud ampliatis, subtilissime vix perspicue punctulato; scutello apice obtuso; elytris postice leviter attenuatis, apice breviter mucronatis, punctato-substriatis, punctis post medium obsolescentibus, stria suturali profundiore, intervallis subtiliter dense punctatis; subtus densius pubescens; ♂ major, abdomine basi oblonge impresso, processu intercoxali medio-carinulato; ♀ minor, maculis angustioribus et prothorace paulo angustiore, abdomine haud impresso, processu intercoxali breviter sulcatulo.

Voisin de l'*albidopictus*, un peu plus massif, à corselet plus court, et à taches plus nombreuses, autrement disposées, bien plus vivement colorées.

La pubescence du corselet est un peu oblique, elle devient presque transversale au milieu et les deux directions opposées, se rencontrant au milieu, donnent l'idée d'une petite crête longitudinale.

Il est à remarquer que les *Polyclæis* du Nord de l'Afrique ont le corselet bien moins dilaté à la base que la plupart des espèces de l'Afrique australe.

POLYCLÆIS ALBIDOPICTUS, Fairm.

Long. 16 à 17 mill.

Oblongus, valde convexus, postice compressus, brunneus aut castaneo-brunneus, sat nitidus, tenuiter cinereo-squamulosus, prothoracis lateribus et elytrorum utrinque macula transversa ante medium, ad marginem externum antice dilatata, macula post medium juxta suturali dense cinereo-albido squamosis ; rostro sat tenuiter strigosulo-punctato, medio tenuiter sulcato ; prothorace elytris dimidio angustiore, antice angustato, tenuiter punctato, angulis posticis haud productis ; scutello oblongo, apice obtuso; elytris apice acute productis, punctato-lineatis, punctis et lineis a medio obliteratis ; ♀ angustior, magis fuscus, griseo-squamulosus, prothorace paulo angustiore, lateribus minus arcuatis, tenuissime punctulato , scutello cinereo-squamoso, elytris postice paulo angustioribus, maculis minoribus, magis griseis, interruptis, 1ª fere lacerata ; subtus cum pedibus fuscus, dense cinereo-squamosus, abdomine basi late et sat fortiter impresso; ♂ paulo crassior, castaneus, prothorace latiore, lateribus magis rotundatis et dense flavo-squamosis, dorso dense tenuiter ruguloso, linea tenui media vix perspicue æuea, scutello æneo, elytris magis amplis, maculis latioribus et margine externo ante apicem macula oblonga ornatis, subtus fuscus, pilis squamosis virescentibus sat dense obsitus, abdomine basi minus impresso.

Voisin du *maculatus* pour la forme du corselet et la maculature des élytres, en diffère par la forme plus étroite, plus atténuée en arrière, le rostre moins fortement sillonné, le corselet est moins large, moins élargi en arrière avec les côtés plus arrondis, plus rentrants à la base; les taches des élytres sont aussi déprimées, la 2e est placée plus en arrière, la postérieure est plus petite et à peine distincte chez le ♂; la base de l'abdomen est plus fortement impressionnée. La vestiture squameuse passe du blanchâtre un peu cendré au gris légèrement roussâtre.

CHITONOPTERUS, *n. g.*, Fairm.

L'insecte qui sert de type à ce genre se rapproche des *Aclees* et des *Paramecops*; malheureusement les antennes sont mutilées; mais le rostre n'a pas de sillon au-devant des yeux; il est faiblement arqué à la base, cylindrique, les hanches antérieures sont contiguës. Il diffère des *Paramecops* par les élytres atténuées dès la base, le corselet criblé de points, non granuleux, à lobes oculaires moins prononcés, par l'écusson tronqué, par les pattes plus robustes, les fémurs grossissant dès la base, non claviformes, armés en dessous d'une épine et par le mésosternum un peu plus étroit, non sillonné.

C. CRYPTORHYNCHINUS, Fairm.

Long. 11 mill.

Oblongo-ovatus, valde elevatus, lateribus paulo compressis, nigro-fuscus, sat nitidus, depressionibus luteo-pubescens ; rostro cylindrico, sed leviter compresso, sat tenuiter rugosulo-punctato, inter oculos linea tenui lævi et puncto impresso, capite rugoso ; prothorace elytris fere dimidio angustiore, longitudine vix latiore, antice tantum angustato, punctis grossis, foveiformibus dense perforato; elytris a basi angustatis, humeris angulato-obtusis, foveato-seriatis, intervallis elevatis, extus angustioribus et fere costatis, callo postico sat producto; subtus densius pubescens, pectore lateribus rugoso-punctato, abdomine sat tenuiter punctato, processu intercoxali sat lato, truncato, segmentis 2 primis sutura leviter arcuata separatis, 3° 4° que brevibus, unguibus approximatis sed basi liberis.

Ressemble plutôt à un *Cryptorhynchus* qu'à un Hylobiide, se rapproche des *Aclees*, mais n'a pas de sillons rostraux.

PACHYONYX PERELEGANS, Fairm.

Long. 7 mill.

Oblongus, compressus, valde convexus, fuscus, sat nitidus, cinereo et albido varius, capite rostroque punctatis, griseo-pubescentibus, illo inter oculos transversim impresso; prothorace a basi antice angustato, elytris angustiore, grosse punctato, medio et utrinque albido-lineolato, lineis anticè conjunctis et carina polita separatis, parte antica utrinque 2 lobis dense albido-pilosis ornata, lobis anticis paulo minoribus, prothoracis lateribus laxe punctatis et albido-pubescentibus; scutello convexo, brunneo-pubescente; elytris postice tantum attenuatis, punctato-substriatis, striis in parte basali griseo-pubescente tenuiter punctatis, postea in parte denudata foveatis, deinde in parte griseo-pubescente minoribus et apice obsoletis, intervallo 2° ante et post medium, 3° basi penicillo arcuato, brunneo, signatis, apice oblique truncato; subtus dense griseo-pubescens, abdomine a basi sat late impresso.

Ressemble extrêmement au *P. affaber* du Cap, la seule espèce encore connue; il en diffère par le corselet plus large, à tubercules antérieurs plus pointus, à ligne blanchâtre médiane rejoignant en avant les lignes latérales; les élytres ont les épaules obtuses, les stries à fossettes effacées à la base, avec des intervalles ornés de fascicules épais de poils, arqués en arrière, au lieu de quelques poils épars, et le dessous du corps est uniformément pubescent avec l'abdomen impressionné dans toute sa longueur.

CAMPTORHINUS HYSTRIX, Fairm.

Long. 8 mill.

Elongatus, compressus, fuscus, griseo-vestitus, elytris medio late et apice transversim infuscatis; rostro (basi excepto) denudato, nigro, lævi; prothorace latitudine paulo longiore, antice angustato et producto, densissime grosse punctato, quasi reticulato, punctis squamula rotunda, umbilicata repletis et lateribus laxe fusco-tuberculato, antice setoso-squamulato; elytris punctato-substriatis, intervallis alternatim convexis, postice præsertim, et setis grossis, compressis, postice longioribus, hispidis ; subtus griseus, squamulis fuscis erectis parvulis sparsutus, pedibus validis, compressis, anticis majoribus, femoribus omnibus subtus spinosis.

Cet insecte est fort curieux à raison des espèces de soies squameuses, épaisses, dont il est recouvert ; le corselet est plus étroit que les élytres et n'est nullement rétréci en arrière.

CERAMBYCIDÆ.

CANTHAROCNEMIS LATIBULA, Fairm.

Long. 34 mill.

Piceo-fuscus, nitidus ; capite fortiter punctato, antice rugoso, inter antennas transversim profunde excavato, mandibulis robustis, latis, fere contiguis, intus haud arcuatis, fortiter punctatis, apice et paulo intus lævibus, intus fortiter bidentatis, apice acutis, labro rufovilloso; prothorace transverso, antice paulo angustato, lateribus haud crenatis, ante basin angulatis et postea valde obliquatis, angulis posticis sat acutis, dorso sat dense sat fortiter punctato, intervallis tenuiter punctatis, lateribus cariosis et leviter impressis; scutello brevi, lato, parce punctato; elytris oblongis, prothorace fere triplo longioribus, fortiter vermiculatis, punctatis, intervallis tenuiter alutaceis et subtiliter parce punctatis, utrinque lineis 2 parum elevatis, externa multo breviore et obsoleta; subtus piceus, metasterno et abdomine rufo-piceis, densissime tenuiter rugulosis, pectore dense fulvo-villoso, segmentis abdominalibus apice transversim politis; tibiis anticis apice acute unidentatis, medio acute tridentatis, ceteris asperatis et extus spinosis ♂.

Diffère du *C. variolosus* Fairm., du Zanguebar, par la forme moins courte, les mandibules larges, courtes, se touchant dès la base, fortement dentées, l'impression de l'épistome plus large et plus profonde, les angles antérieurs du corselet non élargis ni rebordés, les angles latéraux saillants sans former une véritable dent, à ponctuation du corselet double, la sculpture des élytres formée de points reliés par des sillons vermiculés, avec les intervalles plans, à peine ponctués; en outre les segments abdominaux sont lisses à l'extrémité. Diffère du *C. Kraatzii* Th., de l'Abyssinie, par la forme plus allongée, les mandibules contiguës, la tête non sillonnée en avant, moins rugueuse, les antennes un peu moins fortes, le corselet à ponctuation double et les élytres bien moins rugueuses, à lignes élevées moins distinctes. Dans cette dernière espèce, les angles latéraux du corselet sont bien plus en arrière et plus saillants, l'écusson est fortement ponctué sur les bords et les segments abdominaux sont fortement sillonnés en travers à l'extrémité.

XYSTROCERA CURTICOLLIS, Fairm.

Long. 25 mill.

Elongata, capite prothoraceque obscure castaneis, vage æneseentibus, hoc medio et lateribus distinctius æneo plagiato, elytris obscure testaceo-rufescentibus, vitta discoidali lata et margine angusto cum apice æneo-cærulescentibus, subtus fusco-castanea, pectore sat dense luteolo-villoso, pectoris medio et abdomine fuscis, nitidis, pedibus fuscis ; capite dense punctato-strigoso, fronte transversim valde convexa, tenuiter medio sulcata; antennis fuscis, dense punctatis, articulo 1° rugoso-asperato; prothorace brevi, longitudine duplo latiore, lateribus obtuse arcuato, antice vix angustiore, dense punctato, tenuiter pubescente, linea media obsoleta, basi tantum impressa; scutello ogivali, densissime punctato; elytris elongatis, extus longe sinuatis, apice dehiscentibus, dense scabrosis, utrinque lineis 3 parum elevatis, 1ª medio obsoleta, externa basi et apice abbreviata; subtus lævis, pedibus parum elongatis, valde compressis, femoribus pedunculatis, compressis, extus oblonge impressis.

Bien distinct par son corselet court, sa tête petite, ses élytres longuement sinuées au bord externe, déhiscentes et ses pattes comprimées ; la coloration rappelle celle du *X. dispar* Fahr.

COMPSOMERA CYANEO-NIGRA, Fairm.

Long. 16 à 20 mill.

Cyanea, sericea, prothorace rufescente, vage cyanescente, antice transversim et dorso nigro signato; elytris utrinque vittis 2 basalibus intus obtuse angulatis et extus ad marginem externum directis, vitta secunda cum interna conjuncta, et vittula breviore laterali nigro-velutinis, capite (plaga transversali nigra excepta), antennis, tibiis genubusque testaceo-flavis, scutello, prothoracis maculis 2 lateralibus et pectoris plagulis lateralibus argenteo-sericeis; antennis basi aspero-punctatis, sæpe infuscatis, articulo 3° longitudinaliter sulcato ♂; prothorace dense sat tenuiter rugosulo-punctato, lateribus angulato, antice et postice transversim impresso; elytris dense punctato-asperulis, basi magis rugosis; subtus cyaneo-fusca, modice nitida, ano rufescente.

Ressemble extrêmement au *C. fenestrata* Gerst., de Zanzibar, en diffère par les élytres dépourvues de taches jaunes, mais offrant le même dessin noir, le front ayant une bande noire transversale, le corselet plus foncé, sans tache vis-à-vis de l'écusson ; les fémurs postérieurs dépassent un peu les élytres, les tibias sont arqués, mais non bisinués, tous les fémurs sont noirs sauf la pointe des genoux, enfin le prosternum n'a pas de bande jaune transversale.

Cette jolie espèce a été trouvée aussi dans le Sud de l'Abyssinie par M. Raffray.

PHYLLOCNEMA SEMIJANTHINA, Fairm.

Long. 25 mill.

Depressiuscula, cyaneo-janthina, supra modice nitida, sat velutina, capite, prothorace, pedibus antennisque obscure rufescentibus, fere opacis, prothorace antice et basi anguste cyaneo marginato, subtus nitidior, tibiis posticis janthinis, basi rufescentibus; capite antennarumque articulo 1° rugoso-punctatis, illo medio tenuiter sulcatulo; antennis corpore brevioribus, dilutioribus, articulis 3-10 apice angulatis, ultimo compresso, longitudinaliter impresso; prothorace transverso, lateribus bis rotundatim angulato, basi constricto, angulis anticis parvis, acutis, dense rugoso-punctato; elytris densissime tenuiter rugulosis, utrinque lineis 2 et sutura anguste denudatis et nitidioribus; pedibus fortiter punctatis, tibiis posticis apice late foliaceo-dilatatis, extus valde rotundatis, intus paulo minus.

Ressemble assez pour la coloration au *P. mirifica* Pasc., de Natal; mais outre la taille bien plus grande, il en diffère essentiellement par la tête et le corselet roux; les élytres sont bleues ainsi que le dessous du corps, et les pattes postérieures sont un peu moins longues.

CLOSTEROMERUS TESTACEIVENTRIS, Fairm.

Long. 15 mill.

Elongatus, parum convexus, niger, opacus, elytris

cyaneis, nitidis, prothorace utrinque vitta argenteo-sericea ornato, pectore dense sericeo-albo-pubescente, abdomine rufo, pedibus fusco-nigris, femoribus 4 anticis ante apicem et 2 posticis basi late rufescentibus ; capite rugoso-punctato, inter antennas transversim convexo; prothorace densissime punctato, fere reticulato, lateribus medio obtuse dilatato; scutello obtuse triangulari, impresso, fusco; elytris dense rugosulo-punctatis, apice truncatis, angulis haud acutis; subtus tenuiter sat dense punctatus, antennis articulis 5 ultimis latis triangularibus, crassis, ultimo acute appendiculato.

Ressemble extrêmement au *C. insignis* Gerst., de Zanzibar, en diffère par l'abdomen roux, les derniers articles des antennes élargis, mais plus longs que larges, les 4 fémurs antérieurs rougeâtres avec la base à peine noirâtre et l'extrémité largement, les postérieurs largement noirâtres à la base, très peu à l'extrémité.

PLOCEDERUS DENTICORNIS, Fab.

Répandu depuis le Sénégal et la Guinée, jusqu'en Abyssinie.

PLOCEDERUS CINERACEUS, Fairm.

Long. 22 mill.

Oblongus, brunneo-fuscus, pube sericeo-cinerea dense vestitus, palpis piceis; capite summo dense tenuiter granulato, antice subtiliter punctato-strigoso, inter oculos tenuiter carinato, inter antennas breviter sulcato; antennis corpore paulo longioribus, apicem versus attenuatis, articulis 3-10 apice nodulosis et fortiter spinosis (ultimis minus evidenter); prothorace lateribus dilatato et dente acuto armato, antea tuberculo dense sericante instructo, dorso fere transversim plicato-rugoso, luteo-cinereo villoso; scutello brevi, apice rotundo, subtilissime dense punctato; elytris post medium attenuatis, apice recte truncatis et bispinosis, spina externa breviore, dorso sat convexis, subtiliter densissime punctulatis et punctis paulo majoribus sparsutis; subtus pectore longius pubescente.

Ressemble au *P. pronus* Fahr., de Cafrerie, en diffère par la couleur moins noire, les antennes foncées, le corselet villeux, plus large, ayant devant l'épine latérale un tubercule mousse couvert d'une pubescence serrée, l'écusson non impressionné et les élytres tronquées à l'extrémité.

CEROPLESIS REVOILI, Fairm.

Long. 28 à 37 mill.

Oblonga, valide convexa, obscure rubra, pilis setulosis luteis vestita, elytris brunneo-æneis, foveolis minutis luteo-setulosis dense impressis, basin versus profundioribus, vitta paulo ante medium transversa, macula post medium prope scutellum et extus vitta obliqua, ad marginem interrupta, maculaque anteapicali obscure rubris; prothorace basi et antice, antennis pedibusque fusco-nigris, femoribus supra rubricantibus, tibiis anticis extus rubro pubescentibus, suturis pectoralibus et abdominis segmento ultimo nigricantibus; prothorace dorso inæquali, lateribus obtuse bituberoso, antice transversim strigoso; scutello rubro, pubescente, apice abrupte rotundato; elytris ad humeros latioribus, mox angustatis, apice conjunctim rotundatis, humeris sat fortiter prominulis.

Bien distinct de tous ses congénères par ses élytres à bandes rouges un peu atténuées de teinte, et couvertes de nombreuses petites fossettes serrées, remplies de pubescence roussâtre. Cette sculpture le rapproche du *C. irregularis* Har., chez lequel ces fossettes sont bien moins nombreuses et les bandes ordinaires remplacées par de nombreuses taches rouges assez irrégulières.

CERATITES JASPIDEUS, Serv.

Répandu depuis le Sénégal jusqu'en Abyssinie.

CHRYSOMELIDÆ.

EURYOPE ANGULICOLLIS, Fairm

Long. 6 mill.

Ovata, sat convexa, rufa nitida, prothoracis striga transversa utrinque antice, scutello, elytrorum utrinque maculis 2 sat magnis, ad basin punctis 2 minutis, 1° ante humerum, 2° marginali post humerum, pedibus, antennis oreque nigris; capite punctato, ad antennarum insertionem obsolete impresso; prothorace transversim subquadrato, lateribus fere rectis, angulis anticis productis, fere lobiformibus, posticis rectis, medio utrinque transversim profunde sulcato; scutello truncato, lævi; elytris prothorace valde latioribus, basi quadratis, apice rotundatis, tenuiter sat dense punctatis, ad maculam primam paulo oblique depressis; subtus tenuiter punctata, metasterno apice nigricante.

Cette espèce ressemble singulièrement à l'*E. rubra* Latr. (*quadrimaculata* Ol.), mais la taille est bien plus petite, le labre est plus saillant, l'épistome ne présente pas un bord nettement et légèrement sinué, les angles antérieurs du corselet ne sont pas seulement saillants, ils forment un lobe épais un peu divariqué, les élytres paraissent plus courtes, la tache noire juxta-humérale est réduite à un point et le point placé au bord externe entre les deux grandes taches chez le *rubra* manque ici, enfin les épisternums métathoraciques sont noirs.

EURYOPE RUFONIGRA, Fairm.

Long. 8 mill.

Sat breviter ovata, convexa, fusco-nigra, nitida, capite, prothorace, elytrorumque limbo et macula scutellari communi rufis, palpis, mandibulis et macula ad antennarum basin fusco-nigris; capite prothorace angustiore, tenuiter parce punctato, antice utrinque leviter impresso, mandibulis rugoso-punctatis ; antennis medium corporis attingentibus, paulo serratis; prothorace brevi, transverso, elytris valde angustiore, lateribus fere rectis, angulis anticis lobato-productis, tenuiter laxe punctato, ante basin utrinque transversim fortiter sulcato; scutello nigro, lævi, apice obtuso; elytris subquadratis, apice sat abrupte rotundatis, tenuiter densius punctulatis, ad basin et ad marginem externum minus punctatis; subtus parce punctulata, segmentis abdominalis basi et ultimo toto sat fortiter punctatis, prosterno inter coxas rugosulo-punctato.

Var. B.—Elytris totis rufis aut macula parva discoidali fusca.

Cette espèce est, comme la précédente, remarquable par le corselet dont les angles antérieurs sont encore plus saillants en dehors.

CASSIDA OBTECTA, Fairm.

Long. 6 1/2 mill.

Brevis, maxime convexa, lateribus verticaliter declivibus, luteo-flavescens, sat nitida, pectore infuscato ; antennis apicem versus fusiformibus, articulo 2° tertio vix sensim breviore ; prothorace lateribus obliquato, antice obtuse arcuato, margine postico fere recto, medio lobato, lobo truncato, disco parce punctato, antice arcuatim impresso, angulis anticis fere rectis, posticis obtuse rotundatis; scutello triangulari, lævi, basi puncto elevato; elytris antice angulatis, humeris callosis, apice fere truncatis, grosse sat dense punctatis, punctis nigris, utrinque prope suturam costula antice posticaque abbreviata signatis.

Cet insecte ressemble beaucoup à la *C. involuta* Fairm., de Sicile et de Tunis; mais elle est bien plus grande, plus fortement et irrégulièrement ponctée. Ces deux espèces s'éloignent des véritables Cassides par les élytres à bords verticaux tranchants, dépassant de beaucoup le corps en dessous, à extrémité presque tronquée; le corselet a aussi les côtés plus verticaux, les antennes ont le troisième article plus court, les cinq derniers formant une massue fusiforme, acuminée; le mésosternum est concave, relevé sur les bords, et le dernier article des tarses ne dépasse pas les lobes de l'avant-dernier. Je propose le nom de *Chelysida* pour le nouveau genre qui comprendrait ces deux espèces.

Paris. — Imp. de Mme veuve Bouchard-Huzard, rue de l'Eperon, 5;
Jules TREMBLAY, gendre et successeur.

Mission G. Révoil (Pays des Çomalis.)

Insectes. PL. I.

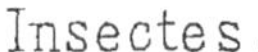

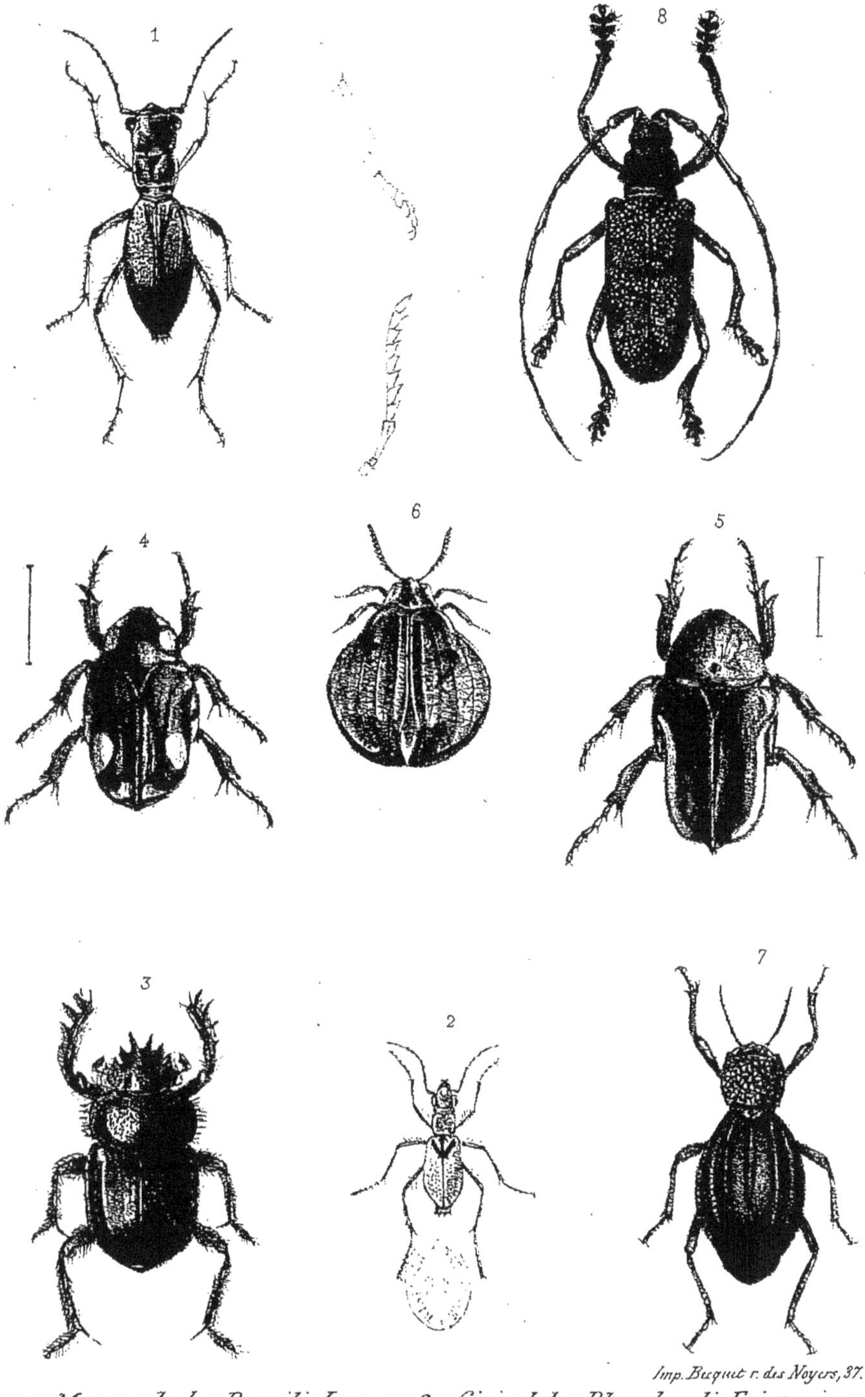

Imp. Becquet r. des Noyers, 37.

1. *Megacephala Revoili Lucas.* — 2. *Cicindela Blanchardi Fairmaire.*
3. *Scarabæus nitidicollis Lansberg* — 4. *Mausoleopsis Revoili Lansberg.*
5. *Oxythyrea cærulescens Lansberg* — 6. *Lycus Revoili Bourgeois.*
7. *Melanolophus septcostatus Fairm.* — 8. *Ceroplesis Revoili Fairmaire.*

www.ingramcontent.com/pod-product-compliance
Ingram Content Group UK Ltd.
Pitfield, Milton Keynes, MK11 3LW, UK
UKHW022117190726
13855UKWH00003B/908